消防工程安装施工及管理

郭向群 ◎ 编著

企业管理出版社
ENTERPRISE MANAGEMENT PUBLISHING HOUSE

图书在版编目（CIP）数据

消防工程安装施工及管理 / 郭向群编著. -- 北京 : 企业管理出版社, 2023.6
ISBN 978-7-5164-2756-9

Ⅰ. ①消… Ⅱ. ①郭… Ⅲ. ①消防设备－建筑安装－工程施工 Ⅳ. ①TU892

中国版本图书馆CIP数据核字(2022)第220008号

书　　名：消防工程安装施工及管理
书　　号：ISBN 978-7-5164-2756-9
作　　者：郭向群
选题策划：周灵均
责任编辑：陈　戈　周灵均
出版发行：企业管理出版社
经　　销：新华书店
地　　址：北京市海淀区紫竹院南路17号　　邮　　编：100048
网　　址：http://www.emph.cn　　电子信箱：26814134@qq.com
电　　话：编辑部（010）68456991　　发行部（010）68701816
印　　刷：北京虎彩文化传播有限公司
版　　次：2023年6月第1版
印　　次：2023年6月第1次印刷
开　　本：710mm×1000mm　1/16
印　　张：15
字　　数：170千字
定　　价：76.00元

前言 PREFACE

建筑火灾是严重危害人民生命财产安全、直接影响到社会发展及稳定的一种最为常见的灾害。随着城市日益扩大，高层建筑、地下建筑、公共娱乐场所以及大型综合性建筑越来越多，建筑布局及功能日益复杂，火、电、气及化学物品的应用日益广泛，建筑火灾的危险性和危害性大大增加。建筑火灾的严重性时刻提醒人们，要加大消防工作的力度，做到防患于未然。

建筑消防工程施工是建筑消防工程的重要组成部分。在消防施工中，由于受到主客观等各种因素的影响，难免会遇到一些问题，这就要求施工人员不断地增强知识技术能力，提高自身综合素质，严格把握施工管理，大力推行责任制度，既要保障消防施工的顺利进行，又要保障施工质量，努力给人们创造安全和谐的生活环境。

为了帮助消防技术人员尽快掌握行业知识和技能，培养更多的掌握建筑消防法律法规、设备消防安全技术、防灭火工程技术等技术人才，本人结合我国近年来各种消防安全设计、施工、管理等方面的经验，遵循“预防为主，防消结合”的消防工作方针，编写了此书。

《消防工程安装施工及管理》的内容以消防专业知识和安装施工技术为主，分为七章。第一章是消防安装工程概述，主要介绍消防设施、消防系统、消防安装工程施工图常用符号、设施安装技术要点以及BIM技术的应用；第二章至第六章主要介绍自动喷水灭火系统、消火栓给水系统、防烟排烟系统、消防应急照明和疏散指示系统、火灾自动报警系统、防火门监控系统等各种消防设施的分类、系统组成、工作原理、适用范围、设置要求及其供配电技术；第七章主要介绍消防安全管理的基础知识。

本书按照易读、乐读、实用、精练的原则，力求达到内容丰富、通俗易懂的效果，希望本书能够成为消防从业人员的良师益友，为提高消防从业人员整体素质贡献一份力量。

郭向群

2023年2月

CONTENTS 目录

01

第一章

消防安装工程概述

第一节 消防设施与消防系统

建筑消防设施是依照国家、行业或者地方消防技术标准的要求，在建筑物、构筑物和堆场中设置的用于火灾报警、灭火、人员疏散、防火分隔、灭火救援行动等防范和扑救建筑火灾的设备设施的总称。

建筑消防设施的设计、安装以国家有关消防法律、法规和技术规范为依据。由于建筑消防安全包括防火、灭火、疏散、救援等多个方面，因此，建筑消防设施也有与之相匹配的多种类别与功能，如火灾自动报警系统的报警与联动控制功能、机械加压送风与排烟系统的防烟排烟功能等。

一、建筑消防设施的作用

不同建筑根据其使用性质、体积、高度、耐火极限以及火灾危险性的大小，需要有相应类别、功能的建筑消防设施作为保障。建筑消防设施的主要作用是及时发现和扑救火灾，限制火灾蔓延的范围，为有效地扑救火灾和进行人员疏散创造有利条件，从而减少由火灾造成的财产损失和人员伤亡。建筑消防设施的具体作用主要包括防火分隔、火灾自动（手动）报警、电气与可燃气体火灾监控、自动（人工）灭火、防烟与排烟、应急照明、消防通信以及安全疏散、消防电源保障等。建筑消防设施是保证建（构）筑物消防安全和人员疏散安全的重要设施，是现代建筑的重要组成部分。

二、建筑消防设施的分类

现代建筑消防设施种类多、功能全，使用普遍。按其使用功能不同，常用的建筑消防设施可分为以下几类。

（一）建筑防火分隔设施

建筑防火分隔设施是指能在一定时间内把火势控制在一定空间内，有效阻止其蔓延扩大的一系列分隔设施。各类建筑防火分隔设施一般在耐火稳定性、完整性和隔热性等方面具有不同要求。常用的建筑防火分隔设施有防火墙、防火隔墙、防火门窗、防火卷帘、防火阀、阻火圈和防火玻璃墙等。图1-1、图1-2分别是防火门与防火卷帘。

图1-1　防火门

图1-2　防火卷帘

（二）安全疏散设施

常用的安全疏散设施包括安全出口、疏散门、疏散楼梯、疏散（避难）走道、消防电梯、屋顶直升机停机坪、消防应急照明以及安全疏散指示标志等。图 1-3、图 1-4 分别是疏散楼梯与安全疏散指示标志。

图1-3　疏散楼梯

图1-4　安全疏散指示标志

（三）消防给水设施

消防给水设施是建筑消防给水系统的重要组成部分，其主要功能是为建筑消防给水系统储存并提供足够的消防水量和水压，确保消防给水系统的供水安全可靠。消防给水设施通常包括消防供水管道、消防水池、消防水箱、消防水泵、稳压泵、消防水泵接合器等。图 1-5、图 1-6 分别是消防水箱与消防水泵接合器。

图 1-5　消防水箱

图1-6　消防水泵接合器

（四）防烟与排烟设施

建筑的防烟设施分为机械加压送风的防烟设施和可开启外窗的自然排烟设施。建筑的排烟设施分为机械排烟设施和可开启外窗的自然排烟设施。建筑机械防烟排烟设施由送排风管道、管井、防火阀、门开关设备、送排风机等组件组成。图 1-7、图 1-8 分别是防火阀与消防风机。

图 1-7　防火阀

图 1-8　消防风机

（五）消防供配电设施

消防供配电设施是建筑电力系统的重要组成部分。消防供配电设施主要包括消防电源、消防配电箱、线路等。消防配电箱是从消防电源到消防用电设备的中间环节。图 1-9、图 1-10 分别是 UPS 不间断电源与 EPS 电源。

图1-9 UPS不间断电源

图1-10 EPS电源

（六）火灾自动报警系统

火灾自动报警系统包括火灾探测报警系统、消防联动控制系统、可燃气体探测报警系统及电气火灾监控系统。火灾探测报警系统由火灾探测触发装置、火灾报警装置、联动输出装置以及具有其他辅助功能的装置组成。此系统能在火灾初期将燃烧产生的烟雾、热量、火焰等物理量通过火灾探测器转换成电信号，传输到火灾报警控制器，同时显示出火灾发生的部位、时间等，使人们能够及时发现火灾并采取有效措施。火灾自动报警系统按应用范围可分为区域报警系统、集中报警系统和控制中心报警系统三类。

（七）自动喷水灭火系统

自动喷水灭火系统是由洒水喷头、报警阀组、水流报警装置（水流指示器、压力开关）等组件以及管道、供水设施组成的，能在火灾发生时做出响应并实施喷水的自动灭火系统。此系统依照采用的喷头分为两类：采用闭式洒水喷头的为闭式系统，包括湿式系统、干式系统、预作用系统、冷却防护系统、简易自动喷水系统等；采用开式洒水喷头的为开式系统，包括雨淋系统、水幕系统和冷却防护系统等。

（八）水喷雾灭火系统

水喷雾灭火系统是利用专门设计的水雾喷头，在水雾喷头的工作压力下将水流分解成粒径不超过 1mm 的细小水滴进行灭火或防护冷却的一种固定灭火系统。其灭火机理主要为表面冷却、窒息、乳化和稀释作用，具有较高的电绝缘性能和良好的灭火性能。该系统按启动方式不同可分为电动启动和传动管启动两种类型；按应用方式不同可分为固定式水喷雾灭火系统、自动喷水—水喷雾混合配置系统、泡沫—水喷雾联用系统三种类型。

（九）细水雾灭火系统

细水雾灭火系统是由供水装置、过滤装置、控制阀、细水雾喷头等组件和供水管道组成的，能自动和人工启动并喷放细水雾进行灭火或控火的固定灭火系统。该系统的灭火机理主要是表面冷却、窒息、辐射热阻隔和浸湿以及乳化作用，在灭火过程中，几种作用往往同时发生，从而实现有效灭火。该系统按工作压力大小可分为低压系统、中压系统和高压系统；按应用方式不同可分为全淹没系统和局部应用系统；按动作方式不同可分为开式系统和闭式系统；按雾化介质不同可分为单流体系统和双流体系统；按供水方式不同可分为泵组式系统、瓶组式系统、瓶组与泵组结合式系统。

（十）泡沫灭火系统

泡沫灭火系统由消防泵、泡沫储罐、比例混合器、泡沫产生装置、阀门及管道、电气控制装置组成。此系统按泡沫液发泡倍数的不同分为低倍数泡沫灭火系统、中倍数泡沫灭火系统和高倍数泡沫灭火系统；按设备安装使用方式不同可分为固定式泡沫灭火系统、半固定式泡沫灭火系统和移动式泡沫灭火系统。

（十一）气体灭火系统

气体灭火系统是指平时灭火剂以液体、液化气体或气体状态存储于压力容器内，灭火时以气体（包括蒸气、气雾）状态喷射灭火介质的灭火系统。该系统能在防护区空间内形成各方向均一的气体浓度，而且至少能保持该灭火浓度达到规范规定的浸渍时间，从而扑灭该防护区的空间、立体火灾。气体灭火系统按其结构特点可分为管网灭火系统（工程系统）和无管网灭火系统（预制系统）；按防护区的特征和灭火方式不同可分为全淹没灭火系统和局部应用灭火系统；按一套灭火剂储存装置保护的防护区的大小，可分为单元独立系统和组合分配系统。

（十二）干粉灭火系统

干粉灭火系统由启动装置、氮气瓶组、减压阀、干粉罐、干粉喷头、干粉枪、干粉炮、电控柜、阀门和管系等零部件组成，一般为火灾自动探测系统与干粉灭火系统联动。此系统氮气瓶组内的高压氮气经减压阀减压后进入干粉罐，其中一部分氮气被送到干粉罐的底部，起到松散干粉灭火剂的作用。随着罐内压力的不断升高，部分干粉灭火剂随氮气进入出粉管，并被送到干粉固定喷嘴或干粉枪、干粉炮的出口阀门处，当干粉固定喷嘴或干粉枪、干粉炮出口阀门处的压力达到一定值后，阀门打开（或者定压爆破膜片自动爆破），压力能迅速转化为动能，高速的气粉流便从固定喷嘴或干粉枪、干粉炮的喷嘴中喷出，射向火源，切割火焰，破坏燃烧链，起到迅速扑灭或抑制火灾的作用。

（十三）消防通信设施

消防通信设施是专门用于消防检查、演练、火灾报警、接警、安全疏散、消防力量调度以及与医疗、消防等防灾部门进行联络的系统设施。其主要包括火灾事故广播系统、消防专用电话系统、消防电话插孔、无线通信设备等。图 1-11、图 1-12 分别是消防电话插孔与消防电话分机。

图 1-11　消防电话插孔

图 1-12　消防电话分机

（十四）移动式灭火器材

移动式灭火器材是相对固定式灭火器材而言的，即可以人为移动的各类灭火器具，如灭火器、灭火毯、消防梯、消防钩、消防斧、安全锤、消防桶等。

除此之外，一些其他器材和工具也能够起到灭火和辅助逃生等作用，如防毒面具、消防手电、消防绳、消防沙、蓄水缸等。图 1-13、图 1-14 分别是灭火器与消防斧。

图1-13 灭火器

图1-14 消防斧

三、消防设施与消防系统之间的逻辑关系

建筑消防设施的作用是及时发现和扑救火灾，限制火灾蔓延的范围，为有效地扑救火灾以及进行人员疏散创造有利条件，从而减少由火灾造成的财产损失和人员伤亡。

建筑消防设施与消防系统之间的逻辑关系，如图 1-15 所示。

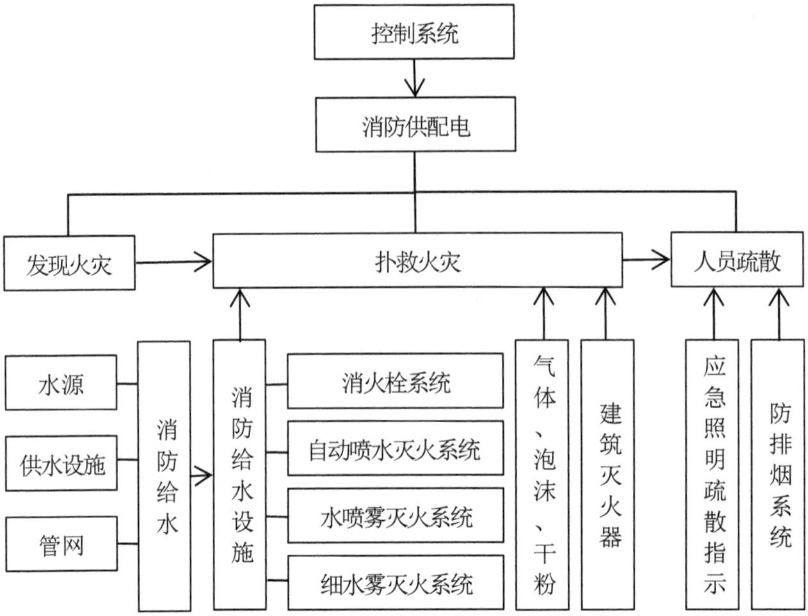

图1-15　建筑消防设施与消防系统之间的逻辑关系

第二节　消防安装工程施工图常用符号

消防安装工程施工图常用符号，如表 1-1 所示。

表1-1　消防安装工程施工图常用符号（风道、阀门及附件）

符号	说明
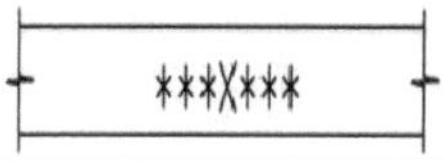	矩形风管宽×高（mm）
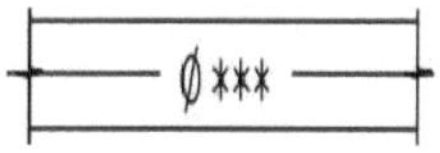	圆形风管　直径（mm）
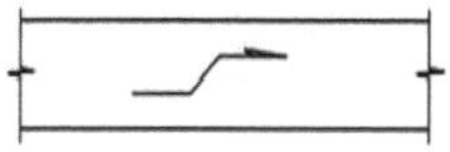	风管上升摇手弯及气流方向
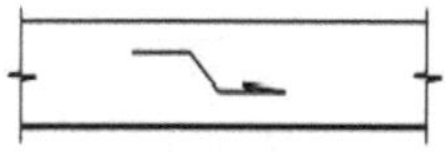	风管下降摇手弯及气流方向
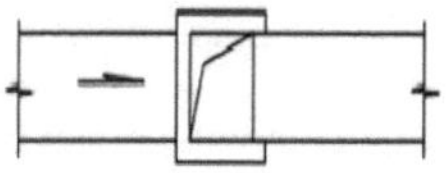	风管上翻
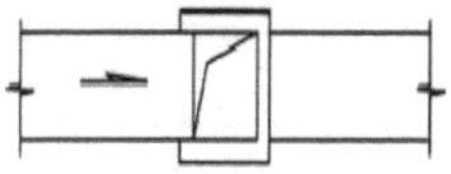	风管下翻
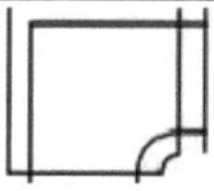	消声弯头

续表

符号	说明
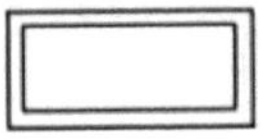	消声静压箱
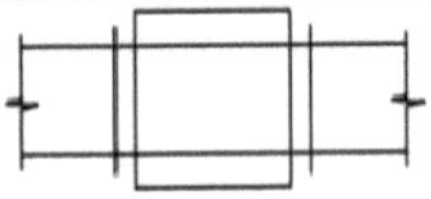	消声器
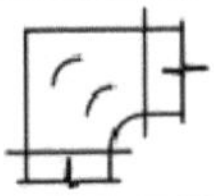	带导流片的矩形弯头
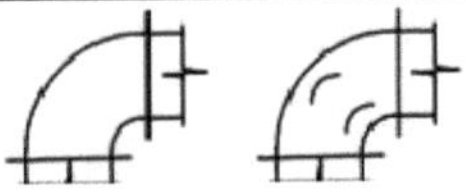	圆弧形弯头、带导流片的圆弧形弯头
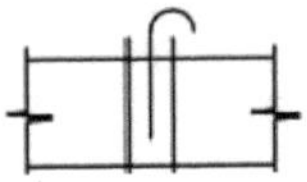	插板阀
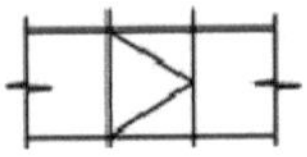	天圆地方
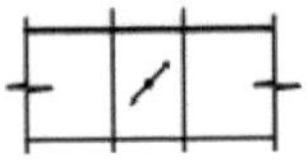	碟阀
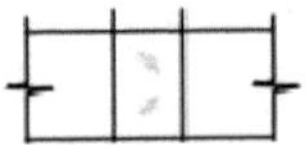	对开多叶调节阀（手动）
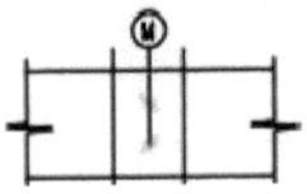	对开多叶调节阀（电动）
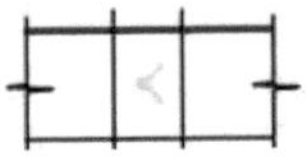	风管止回阀

续表

符号	说明
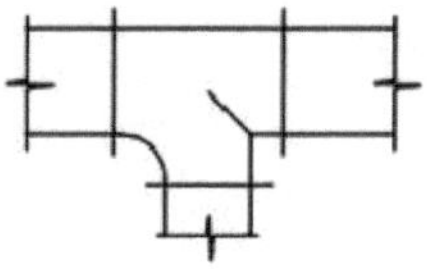	三通调节阀
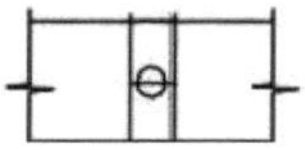	常开防烟、防火阀
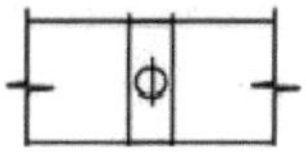	常闭防烟、防火阀
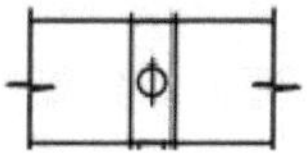	常闭排烟阀
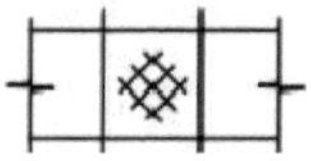	软接头
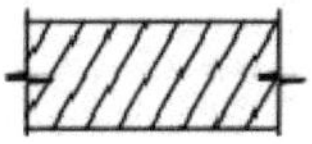	软管
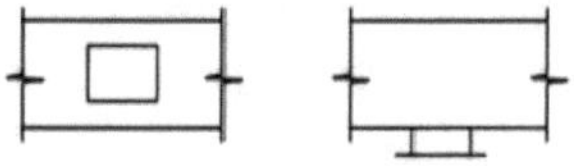	风口
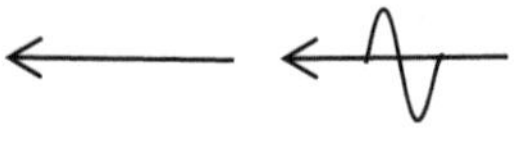	气流方向（左为送风，右为回风）
	远程手控盒（防烟排烟用）

第三节　消防工程设施安装技术要点

一、建筑消防设施安装过程中的技术要点

（一）给水系统管网的安装技术要点

在给水系统安装过程中，首先应该按照实际的施工方案来进行，以保证整个给水系统能够发挥相应的作用，切实提高系统安装工程的可靠性与完备性。在初步安装完成以后，安装人员还应该对给水系统的管道网络体系进行相应的试压试验，整个工作主要包括试漏检修和强度试验。如果在试验过程中发现给水系统管网存在一定的质量问题，就应该及时进行处理。当试压试验的各项数据与参数都满足要求的时候，就可以进行后续施工了，将试验的结果整理保存下来，留作以后的初始数据，并且在施工图纸中按照实际安装的位置标注阀门的安装位置及离墙尺寸等，以便后期阀门的使用。

（二）室内消火栓系统的安装技术要点

室内消火栓系统是整个建筑消防设施体系中一个非常重要的部分，因此安装人员应该充分重视这个环节，并做好各个方面的工作。第一，安装人员应该关注消火栓系统的具体压力，并跟设计规范与文件中的相关要求进行对比与核实，能够根据实际情况进行相应的调整，避免在放置箱体的时候出现箱体变形的情况。第二，安装人员在具体安装的时候应该明确每一个箱体的预留位置，保证整个消火栓系统能够按照设计来

完成安装工程。第三，在安装消防栓和其他配件的时候，安装人员应该严格按照相应的规范来给不同的设施涂上差异化的颜色，同时应该关注不同设施的连接情况，避免出现设施乱接等不良情况。第四，消防箱门在装修时不应被装饰物遮盖，应有明显的消火栓标志。

（三）自动喷水灭火系统的安装技术要点

安装人员在进行自动喷水灭火系统安装的时候，应该注意几个方面的技术要点：第一，在选择系统所需的管材的时候，应该严格按照相关规定来确定管材的直径和材质等信息，一般来说材质应该选择热镀锌钢管，而直径应根据具体情况进行选择。第二，在进行系统内部管道连接的时候，不能进行太多的焊接作业，而应该使用相关标准和文件中规定的丝接和沟槽式机械连接。如果因为外部因素等原因必须要使用焊接连接方式，就必须进行二次镀锌，以保证焊接处管道的质量。第三，在设置温度感应喷头的时候，应该对整个系统网络布局进行深入全面的把握，能够合理设置喷头与各类设施之间的距离。一方面，能够合理分配喷头数量与空间位置，达到喷头使用的最大化；另一方面，能够显著降低喷头与其他设施之间可能发生的冲突。

（四）防烟排烟系统的安装技术要点

防烟排烟系统的安装具有较强的体系性，因此在安装的过程中必须要保证整个系统所有配套设施的完备性，避免因为某些设备没有安装而导致整个系统的性能显著下降。比如当系统的送风设备出现问题或者没有有效设置的时候，就会给整个系统的使用带来较大的安全隐患。当建筑内部发生较大火灾的时候，送风设备存在的问题就会使得浓烟无法有效地排出，在很大程度上扩大了火灾的危害性。除此之外，安装人员在进行防烟排烟系统安装工作的时候，还应该进行相应的检验与检测工作，深入全面地探讨整个系统的性能可靠性。

（五）消防设备的安装技术要点

消防设备在安装的过程中应该注意两个方面的问题：第一，在安装消防电梯的时候，相关人员应该先对设备安装的内外部环境进行深入全面的分析，并考虑多个方面的因素，保证电源、线路、挡水设备等各个细分安装工作都能够发挥相应的作用。第二，在安装防火门、防火卷帘等设备的时候，安装人员应该对这些设备的具体性能进行核实。在核实过程中如果发现一些设备在耐火极限等方面存在性能上的不足，已经显著影响了防火设备的安全性与可靠性，那么就应该及时上报，不要一味地进行安装，以免出现较大的安全隐患。

二、建筑消防设备安装的保障措施

建筑消防设备的安装还应该做好多个方面的保障工作，才能真正保证最终安装工作的品质：第一，施工单位应该严格控制消防设备的安装质量，并及时跟进和处理各个消防设备安装过程中存在的问题，保证整个安装作业能够顺利完成。第二，施工单位还应该在消防设备安装的过程中进行必要的安全巡查，并积极落实这方面的安全责任，同时严肃处理那些明显的违规行为。第三，施工单位还应该不断地提高安装人员的整体素质，并在平时做好安装人员的培训教育工作，提升安装人员的整体素质，更好地按照相应规范与文件来完成设备的安装。第四，施工单位在进行消防设备安装的时候，还应该积极引入专业消防设备质量评估机构等第三方机构，针对工程项目中各个消防设备进行整体的质量评估，保证各个消防设备的可靠性与安全性，并出具相应的评估报告。这样一来，就能够有效地保证建筑消防设备的安装质量。

随着我国城镇化进程的不断加快，各个地区的房屋建筑数量显著增加。在这种情况下，我国房屋建筑更应该认清消防设备安装工程对于整个建筑工程品质的重要影响，在下一步工作中应加紧对消防设备安装的监督与验收，保证各个消防设备都能够按正确的标准来安装，并且可以发挥其相应的职能。消防设备的安装人员和技术人员在这个过程中也应该明确不同消防设备的特征，保证自身安装工作不会出现差错，从而提高建筑工程消防设备的整体质量。

第四节　消防工程中的BIM技术应用

建筑消防火灾事件频发严重威胁人民的生命和财产安全，高层建筑具有布局复杂、建筑设备与管道众多、人员密集等特点，一旦发生火灾，容易出现人员疏散困难的问题。目前大多数消防设计工作由于采用传统CAD设计手段，疏散点的设置成为一大难题，采用BIM技术能够有效改善这一问题。BIM技术可对建筑模型进行全生命周期管理，贯穿建筑消防设计、消防工程施工、消防系统运行维护与管理整个生命过程，通过参数化、信息化将建筑信息资源进行共享，尤其是在建筑消防领域，通过制定好的标准实现数据信息的管理，保证了各项数据信息更合理地应用到建筑消防领域。因此，将BIM技术应用到建筑消防系统中，能够全面提高建筑消防水平，从建筑消防设计至建筑消防施工管理、建筑消防运行维护实现全生命周期管理。

一、BIM技术概述

建筑信息模型（Building Information Modeling，BIM）最早可追溯到20世纪70年代，时任卡内基梅隆大学建筑和计算机科学专业教授的Chuck Eastman于1975年提出了“Building Description System（BDS）”的概念，可以视为最早提出的与BIM相关的概念。

建筑信息模型的概念是伴随着信息技术在建筑业的深入运用而产

生和发展的，且概念的提出者往往从多个方面来理解相关的问题，因此，其又常以不同的名称出现，如单一建筑模型（Single Building Mode，SBM）、集成建筑模型（Integrated Building Model，IBM）、通用建筑模型（Generic Building Model，GBM）及虚拟建筑模型（Virtual Building Model，VBM）等。近年来，随着各方的看法逐渐趋于一致，建筑信息模型（BIM）的说法得到了广泛的认同。

中国建筑业信息化发展在近年来以BIM技术为主导，可分为以下几个阶段：1981—1990年，在这个阶段，解决以结构计算为主要内容的工程计算问题（CAE）；1991—2000年，在这个阶段，解决计算机辅助绘图问题（CAD）；2001—2010年，在这个阶段，解决计算机辅助管理问题，包括电子政务、电子商务、企业信息化等；2011—2020年，在这个阶段，以BIM技术为主导解决工程设计施工管理问题。

二、BIM技术特点

BIM技术可建立虚拟的建筑工程三维模型，为工程施工提供完整的建筑工程信息库，使工程技术人员对各种工程信息做出正确判断，制定科学合理的解决对策，对于节约工程成本、提高施工效率具有重要作用。BIM技术主要有以下特点。

（一）一体化

利用BIM技术构建的三维建筑信息模型，将建设项目中的所有环节连接起来，从而实现对全部建设项目的控制，实现项目的全面管理。

（二）可视化

施工单位利用BIM技术建立三维建筑信息模型，使施工项目的设计图纸实现可视化，施工人员可以更直接地了解到施工项目的实际进展，对施工人员的后续施工有很大帮助。

（三）模拟性

施工单位能在三维建筑信息模型中获得准确的施工数据，可以帮助施工人员较好地制订施工计划，有利于增强施工过程的安全性和科学性，提高施工效率和施工质量。

（四）协调性

就施工单位而言，在消防工程施工中使用BIM技术，能够合理地调整团队内部的施工计划，有助于提高建设项目施工的质量。

三、BIM技术在建筑消防工程施工中的优势

BIM技术的可视化、虚拟仿真模拟等技术已经在工程建设当中得到广泛的应用。以消防工程施工为例，BIM技术能够对在建工程整体情况进行可视化反馈，便于工程管理人员开展工作。该技术提升了工程组织运作的可视化效果，增强了设备操作显示的直观性，提高了安装效率；通过对设备构件进行参数化加工，更好地控制工程量，为工程管理提供多种便利条件。该技术能够将工程建设进度、设备安装方式通过虚拟仿真的手段呈现出来，对现场施工进行监督管理，保证安全施工、提升工程质量，有效缩短工期、降低施工成本，达到减能增效的目的。

（一）工厂化生产加工

在设备BIM技术设计过程中精确植入构件的空间位置、长度、大小、材质等信息，可为消防工程工厂化生产加工提供技术支撑。在生产基地采用自动化、半自动化生产设备集中进行生产加工，可提高消防工程管件、设备、构配件的生产加工效率，有效降低管件、设备、构配件的加

工成本，为施工单位减能增效提供技术条件。

（二）装配式安装施工

通过设备BIM技术的精准设计及工厂化的管件、设备、构配件的精确生产加工，为施工现场装配式安装施工提供条件，可有效提高安装施工效率，降低安装施工的劳务成本。特别是在目前劳动成本占工程项目成本较高的情况下，为施工单位减能增效提供了条件，对缩短施工工期、降低管理成本和施工成本具有实际意义。

（三）安装工程量信息采集

在设备BIM技术设计过程中精确植入构件的标高、规格、尺寸、材质、安装连接方式等信息，可在模型系统中任意采集楼层或局部区域设备、管路、构配件等相关信息，将其广泛用于工程造价、施工算量、材料采购、管件下料等相关领域，解决了人工算量工程量大、计算过程长、算量结果精度不够高、结算对数耗时长等难题，为造价咨询单位、施工单位、第三方结算单位提高工作效率、降低人力成本提供了技术保障。

（四）工程进度管理

由于工程受到材料价格上涨、施工技术不完善或天气恶劣等因素的影响，可能延误所有土木工程的施工进度。为了解决这一问题，施工单位可以利用传统土木工程技术的优势，集成BIM技术，更好地将建模操作集成到工程图中，发挥其技术指导和保证作用，全面提高施工进度和管理效率；同时，项目经理可利用BIM技术全面了解施工人员的施工情况，以及各环节的具体施工场景、各种设备的运行情况等，以确保整个项目顺利进行和有序推进，并在规定的时间内完成。

（五）信息化安全施工

信息化安全施工包括以下几个方面。一是严格监控审批流程，借助BIM技术平台监督工程项目的操作全流程，融合施工模型、虚拟现实，并利用VR技术，更好地模拟诸如设备安装顺序等操作，提前制定更为严格、科学、合理的施工方案。二是将BIM技术应用到施工关键部分的监控工作中，通过模拟操作减少高风险操作的内容风险，并应用在关键节点中，从而进一步优化施工节点的操作流程。三是重视搭建信息管理平台，利用BIM技术所具有的信息储存功能建立一个相应的运营维护平台。

四、BIM技术在消防工程中的作用

目前，随着消防工程的发展，会越来越广泛地使用BIM技术，使用BIM技术有利于提高方案设计的科学性、合理性。在消防工程机电设备安装方案设计过程中，可以通过三维信息模型测试管道碰撞情况，再设计测试中所关联的材料和工具。此外，BIM技术也能应用于消防材料的采购中。设计师首先利用BIM技术设计出三维模型，对所需材料进行归纳和分类，以减少材料采购时可能发生的漏购和错购现象。BIM技术不仅能节约施工时间，还能降低施工成本，以此提升施工效率。BIM技术不仅能改善消防工程机电设备的设计质量，还有助于提升其施工质量。使用三维建筑信息模型可以使施工人员更直观地了解建设项目的进展情况，可以为施工单位提供有效的施工信息。此外，BIM技术也可以在建筑工地现场使用。BIM技术和监控系统结合使用，在施工过程的某个环节检测到安全隐患时，系统会立即发出报警信号，提醒施工人员注意现场安全。

五、BIM技术在消防工程施工中应用的关键问题

（一）BIM技术水平有限，实际运用范围不广

在当前建筑环境下，BIM技术的运用范围不是十分广泛，在施工单位中运用得比较多，而在工程设计单位中运用得比较少。在一般项目进行工程量计量时，经常会采用常规工程计量软件对工程量进行翻模计算，而没有运用BIM技术模型直接对工程量进行计量。由于在工程设计环节没有生成BIM模型结果，BIM技术的运用就要从消防工程施工环节开始，由施工单位开展。施工单位BIM技术的运用水平有限，一般只是在工程造价计量方面运用，用来提高工作效率，以带来实际经济收益。

（二）BIM技术在信息传输上存在障碍

目前国内使用的BIM技术多数以映射的方式从BIM计量工具中提取有效信息，并通过数据库对信息进行加工与处理，以此来实现工程计量BIM模型的构建。虽然常规计量工具的设计符合工程建模规范，但在实际使用过程中并没有将所有的工程构建信息输入计量软件中，导致在进行工程计量时无法利用BIM技术对数据进行提取和处理。目前BIM技术的运用还不够成熟，无法广泛应用在消防工程计量当中。

（三）BIM建筑模型中消防工程计量信息不够完整

将BIM技术运用在消防工程计量中，利用其强大的工程计量能力，为工程量的提取及工程量计量效率与准确性提供技术保证。BIM建筑模型工程量与实际工程量清单在数量上能够保持一致，工程量提取比较快捷、方便，但是BIM建筑模型仍然存在消防工程计量信息不完整问题。因为现阶段运用的BIM技术应用工具繁杂，计量功能优势点不同，基本计量功能开发不完善，使得生成的工程量清单无法准确地支持清单报

价，其中生成的报价信息与构件数量信息不够完整，导致BIM技术在运用过程中会面临信息缺失的重要问题。

（四）BIM技术在消防工程中的作用没有得到充分体现

BIM技术发展到今天，在消防工程计量上的应用得到业内人士的认可，但是BIM技术一般只应用在图形可视化、方案调整、施工模拟等方面，其在消防工程设计方面的作用并没有得到充分体现。近年来，我国城市综合体、候机楼等大型交通枢纽建筑数量逐渐增多，现行的设计规范已经无法满足工程防火设计要求，在以往的设计中经常采用FDS程序去模拟火灾，但是由于软件本身的局限性，模拟结果准确度较低。BIM技术将虚拟建筑物中每个构件的尺寸与信息内容都真实地表达出来，将BIM建筑信息模型直接转变为火灾模型，能够提高软件模拟火灾的真实性与准确度，既节省了工程消防设计建模的时间，又提高了建模效率，因此在消防工程施工中，要加强BIM技术在工程消防设计中的应用，提高建筑的防火安全性能。

六、BIM技术在消防工程中的应用

（一）BIM技术在消防工程设计阶段的应用

消防工程施工方案的设计，在消防工程中具有重要作用。

（1）工作人员应建立BIM模型，减少设计误差。

将所有设计图纸中的数据分别输入BIM系统中，生成三维建筑模型。管理人员能够对各个设计方案所生成的三维模型进行比较分析，从中选出最佳的设计方案。由于三维建筑模型具有直观性，管理者在运用过程中能够更加清晰地看到管线走向、布局等，对其合理性进行分析，以减少设计方面的误差；同时，管理者通过对这一模型的分析，能够预留出充足的检修空间，也能够大大减少施工风险，即使在后期出现问题，检修工作的难度也不会太大。

（2）在碰撞检验方面，运用BIM模型对技术交底工作进行模拟。

消防工程的特殊性使其设计中需要考虑的因素繁杂，且十分容易出现碰撞问题，导致工程延期、返工。工作人员运用BIM技术建立模型后，系统能够对工程中各数据的联系进行分析，生成碰撞检验报告，使工作人员能够清晰地了解碰撞构件的位置，及时对其标高、走向等进行协调；同时，BIM技术能够提供三维视图、平面图、剖面图三种视图，使工作人员对设计方案的了解更加直观，有助于其对现场施工进行准确指导。另外，利用BIM技术还能够制作出装饰专业的二维施工图，并利用虚拟技术实现模拟技术交底，实现了各专业信息的全面共享。

（3）设计阶段在整个工程的成本控制中占有十分重要的地位。

据调查显示，设计阶段成本控制能够节省的成本在整体可节省的成本中占80%。BIM技术也可以在这一阶段的成本控制工作中得到良好应用。运用BIM技术所构建的模型中融合了大量的数据，详细具体地展现了工程项目的特征参数，工作人员通过运用这一模型及算量软件，能够准确地获得工程量清单，并随着模型的不断更新实现对成本的动态管理，从而提升工作效率和控制效果。

（二）BIM技术在消防工程施工阶段的应用

在这一阶段，BIM技术可以应用在施工协调管理中。消防工程中包含众多的专业工种，协调难度较大，需要良好的施工布置以避免出现施工进度延迟、返工等情况，而以往的施工布置因依赖管理者经验，难以准确预测实际的施工情况，一定程度上影响了工程的顺利开展。

工作人员可以运用BIM技术构建模型，对整个施工过程进行模拟，找出施工中可能出现的问题，并适当调整施工方法、优化场地布置；在资源管理中，工作人员也可以运用BIM模型生成人力资源、材料、设备的消耗清单，以便合理安排物资采购，优化资源配置，降低施工成本。另外，在施工质量及安全管理中，BIM技术能够通过移动终端设备拍摄并实时上传施工现场情况，使管理人员能够及时发现施工中存在的施工技术运用不规范、未能严格落实安全措施等隐患问题，从而保证施工安全和施工质量。

（三）BIM技术在消防工程验收维护阶段的应用

BIM模型能够为工作人员提供良好的数据支持，在验收阶段，可以通过对其中数据的运用，制定科学的阶段策略，明确供应商结算范围，从而避免不必要的成本流失，提升工程效益。消防工程具有特殊性，良好的安全事故预防和应急反应是对工程的重要要求。在消防工程验收维护阶段，工作人员可以将BIM模型中所包含的消防工程设备参数、维修常识等信息导入消防控制系统，维护人员在后期维护工作中，只需要运用这一系统及其智能监控功能，便能够实现对设备动态的实时跟踪和定期检修，及时发现其中存在的异常问题，从而保证设备的安全稳定运行；通过对设备能耗数据的分析，找出设备节能途径，减少检修及运行费用。BIM模型还具有模拟火灾紧急疏散的功能。一旦发生火灾，工作人员就可以启动这一功能，由BIM模型根据实际情况，结合所收集数据，快速计算出最佳逃生路线和逃生时间，为消防人员提供指导性建议，以保证人员的尽快疏散，最大限度地减少经济损失及人员伤亡。

（四）BIM技术在消防工程机电设备安装中的应用

BIM技术在消防工程机电设备安装中有下列应用。

（1）碰撞检查和布局设计。

BIM技术能够利用3D数字技术建立三维立体模型，直观显示消防系统中的逻辑关系和空间布局，将各种信息进行集成化和数字化表达，实现消防工程中机电设备的数字化建设。

BIM技术能帮助技术人员绘制出消防工程中机电设备的详细剖面图，实现智能建模的参数设定，绘制专业的施工管线，从而实现管线碰撞检测。在对各种专业管线进行绘制施工过程中，技术人员能够根据预留洞图和设备剖面图完成机电安装工程，确保管线施工能够满足消防工程的施工需要，并运用科学的方法统计材料。

（2）开展施工计划，协助设备安装。

消防工程中包括中央控制系统、消防联动设备等，BIM技术能够帮助施工人员确认中央控制系统安装过程中的配线是否安装齐全，是否出现缠绕、交叉等现象，以确认线路是否连接准确，并且能够帮助施工人员做好线路安装保护工作，避免发生线路损坏。运用BIM技术的消防工程，需要技术人员在协调安装过程中对材料进行质量检查，如直管材料、加长类直管、90°弯头等，并利用CAD图纸对材料及施工设备金额、工程量进行管控，实现对施工材料、设备及生产成本的有效管理。

（3）控制成本，提高数据处理效率。

在招投标阶段，BIM技术能够帮助施工单位计算消防工程机电设备的成本，实现成本的全过程管理。在采购施工材料时，运用BIM技术不但能够做好限额材料的技术管理工作，方便项目负责人进行施工交底和技术交底，而且能够实现分包结算的合理化设计。BIM技术可帮助技术人员对每个施工阶段进行数据采集，并将收集到的数据形成报告反馈给负责人，实现BIM建模管理；收集和管理竣工阶段的IPD数据，能够快速调用结构设计的相关材料数据，提高数据处理效率。

（五）BIM技术在消防工程机电设备后期管理中的应用

BIM技术在消防工程机电设备后期管理中有下列应用。

（1）辅助消防救援指挥。

消防重点单位包括大型的公共建筑，BIM数据可以在建筑着火状态下提供建筑空间结构，消防指挥中心可根据虚拟平台指示的消防车道、消防水泵、周边路况及火警的位置，快速分析路况，进行火灾救援。救援信息可在各个数据之间无损坏地快速传递，可直接提取BIM技术数据信息，以此准确查看建筑的空间结构，方便救援人员迅速展开救援。

（2）消防工程的机电设备设计复核。

与CAD绘图相比，BIM技术搭建的模型具有更大的优势，在审查过程中可以准确观察模型的各个方面，并进行集中性的技术审查，可显著提高设计审查的准确度与效率。传统的消防工程审核方式是逐一测量消防工程机电设备中的防火间距、消防车的转弯半径、道路宽度、消防场地坡度等，而在BIM技术的帮助下，可大大缩短上述项目的审核时间。只需合理设置审查规则，BIM就会自动计算出具体参数，并显示不合理的数据参数，进一步提高了消防工程审查速度。

（3）协助后期消防工程运营管理。

现阶段普遍存在的消防工程运营管理问题，主要是由在前期的工程运营阶段数据信息之间不流通造成的，在消防工程运营阶段与设计阶段，完全不同的消防设计理念与策略会增加日后的运营管理难度。在消防工程施工前就运用BIM技术，储存大量的建筑物几何与性能信息，到后期运营阶段可直接地持续使用这些信息。BIM模型操作模式可以根据运营方的需求建立，包含了建筑过程的全部信息。BIM技术根据消防管理部门的实际需求，可创建规范的监测控制平台，方便消防设备的火灾分析、数字表达及消防检验。

七、BIM技术在防烟排烟工程施工中的应用实例

（一）工程概况

某项目位于广西壮族自治区南宁市五象新区，其总建筑面积约为192 153.85m^2，其中地上建筑面积114 004.63m^2，包括1栋43层（200m）的超高层国际5A甲级写字楼，1栋17层（77m）的五星级精品酒店，3栋独栋商业楼（18.3m），地上有3层裙房（13.30m），地下设置5层停车场及设备用房，地下建筑面积78 149.22m^2，包含5000m^{2}的地下商业街、1299个机动停车位。防烟排烟工程风管总造价为835万元，风管总面积56 000m^2。

（二）项目重难点分析

大型建筑有建筑面积大、建筑结构复杂，设备系统多、设备管路复杂，占用空间大、净高要求高等特点，往往容易产生空间安装矛盾及使用空间矛盾。工程技术人员利用BIM技术，将多专业设计进行整合，对各种建筑信息做出正确理解和高效应对，通过BIM技术对建筑消防系统进行合理的设计，为多专业协同布置提供工作基础。实现线上与不同专业技术人员的技术沟通，快速捕捉重要信息，保证设计的统一性，从而提高生产效率。

（三）项目实施流程

基于BIM技术创建的设备BIM模型，能精确反映设备及系统管件的空间位置、长度、大小等信息，BIM技术可按管线进行分色显示，利用净高试验技术，对空间设备及管线进行位置优化和调整，全局把握管线标高，精确控制层高及吊顶高度，尽可能提高净高设计空间，为业主最大限度地提供空间利用，从而为建筑提供最舒适的空间环境。

BIM技术根据建筑的特征设计出的三维建筑设备模型，可让建筑设备的表现更加直观。其中主要包括泵房加压系统、空调机房、变配电机房、发电机房、风机房、消防灭火管路系统、给排水管路系统、集中热水管路系统、电气桥架、空调及防烟排烟管路系统等，在室内空间进行复杂的交会，在传统的二维建筑设备设计中无法通过设计软件进行碰撞试验，较难发现空间安装矛盾，而采用BIM技术可直观地实现建筑模型的三维立体转化，可进行各专业工种的碰撞试验以发现空间矛盾；通过彩色平面、剖面大样、动画、漫游等多种表达方式，更加直观和全面地对各专业系统的设备、管路路径、位置、大小进行方案比对、优化，从而得到最佳的优化系统方案，减少因设计原因造成的材料浪费及工程造价的增加，能在符合设计规范的前提下最大限度节约投资。

（四）项目目标

项目目标包括技术目标、质量目标与工期目标三个目标。

1. 技术目标

利用BIM技术对建筑防烟排烟系统的管线布设进行优化，对构件进行参数化拆分，将各个参数构件加工图进行工厂自动化预制加工，提升材料利用率。

2. 质量目标

运用BIM技术对构件进行高精度模型创建，提高构件安装精度和材料利用率，降低损耗，从而提高安装质量。

3. 工期目标

优化进场路径方案，采用装配式安装方式，提高安装工程效率；对安装技术工人进行技术交底，提升安装工程质量，避免二次返工。

八、增益分析

施工阶段要有效控制工程造价，必须考虑工程变更、工期变化、原材料价格变动等客观因素的影响。现将某写字楼项目建筑防烟排烟风管传统生产与运用BIM技术自动化生产加工成本进行对比，如表1-2所示。

表1-2 防烟排烟风管加工成本对比

比较项目	传统现场半机械加工	基于BIM技术的自动化生产线加工
生产加工时间（人、天）	用工10人，日产能630平方米，用时90天可全部生产完成，总工日900个	用工5人，日产能6000平方米，用时10天可全部生产完成，总工日50个
材料利用率（%）	85%（损耗率15%）	92%（损耗率8%）
总工人工资（万元）	工人工资27万元（300元/日）	生产加工设备费22.4万元，工人工资1.5万元，总费用23.5万元
加工管理成本（万元）	4.8万元	0.6万元
生产加工人力及管理成本（万元）	31.8万元	24.1万元

九、基于BIM技术的建筑消防智慧管理平台探索

BIM技术结合机电、给排水等专业为建筑消防设计消防联动点：一方面，将设计信息同步至消防管理系统平台，可以避免消防联动系统点位遗漏，进一步提高图纸质量；另一方面，BIM技术可在设计阶段通过建筑消防管理平台模拟人员疏散，在设计阶段实现建筑消防安全管理，起到辅助消防救援工作的作用，救援队伍可及时通过BIM技术所展示的信息，精确捕捉到着火点及被困人员位置，提高救援效率。

（一）消防运维管理系统

利用BIM技术建立建筑智慧消防管理系统维保管理子平台，将建筑消防设施和数据信息在智慧管理系统进行完全交互。在日常消防系统管理中可根据消防系统故障信息，快速查询到消防设施的位置、状态、技术指标、功能、规格型号、长度尺寸、材质等信息，方便物业主管人员及时对故障进行处理决策判断，并对故障点进行维修及故障排除，以保证消防系统的正常运行。对消防设施的生产时间、使用时限运用BIM技术植入系统中，可以实时监控消防产品的使用情况，发现超时使用的消防产品并及时更换，以避免消防产品失效，确保消防产品得到安全使用与管理。将消防巡查管理、维修人员管理、消防材料管理纳入维保管理子平台，能够有效提高消防运维管理能力和管理水平。

（二）建筑智慧消防管理系统

基于BIM技术可视化、物联网信息化、大数据云计算、消防人工智能技术构建建筑智慧消防管理系统，运用系统智能检测、无线火灾智能探测、网络视频监控、智慧用电安全探测、可燃气体安全探测、智慧消防水源采集等前端物联检测探测技术，将相关信息通过互联网传至建筑智慧消防管理系统进行集中处理分析，及时发现消防隐患并做相应处理，降低消防火灾风险，确保人民的生命、财产安全。

BIM技术在建筑消防领域的应用实现了信息化管理，不仅缩短了工期，相较传统的半机械化现场加工方式，还提高了材料利用率，降低了材料损耗率，从而避免了由于返工产生的人工费，为施工优化提供了直接帮助。在建筑消防工程建设期间，利用BIM技术构建的建筑智慧管理平台消防管理子系统，不仅可以呈现可视化的三维模型，更能将模型中结构、设备构件进行参数化管理，从而提高建筑消防工程在设计、施工及运维、消防风险防控等方面的技术水平，保证工程质量，防止消防事故发生，实现建筑消防系统全生命周期的智慧管理。

BIM 技术的发展给传统机电安装行业带来了新的技术和思维，对消防安装施工产生了深刻的影响。目前，BIM 技术和软件逐渐被一些设计院和施工单位运用于设计、施工检查等方面。BIM 技术需要从工程设计开始应用，且需要工程参建各方共同参与，建立工程专用 BIM 系统，指导工程建设全过程，使之得到高效应用。在整个行业氛围的带动下，BIM 技术必将获得高速发展。

02

第二章

消防工程灭火系统

第一节 消防工程灭火系统概述

消防工程灭火系统分为火灾自动报警系统、气体灭火系统、泡沫灭火系统、自动喷水灭火系统、水喷雾灭火系统、细水雾灭火系统和干粉灭火系统等类型。这些消防工程灭火系统一般用在住宅、配电室、楼梯间、走道、地下车库等建筑物中，几乎所有建筑物都要安装此类系统。

一、火灾自动报警系统

火灾自动报警系统是由触发装置、火灾报警装置、火灾警报装置以及具有其他辅助功能的装置组成的。该系统能在火灾初期将燃烧产生的烟雾、热量、火焰等物理量，通过火灾探测器变成电信号，传输到火灾报警控制器，同时显示火灾发生的位置，记录火灾发生的时间。一般火灾自动报警系统会和自动喷水灭火系统、室内消火栓系统、防烟排烟系统、通风系统以及防火门、防火卷帘、挡烟垂壁等相关设备联动，自动或手动发出指令，启动相应防火装置。图 2-1 为手动火灾报警按钮。

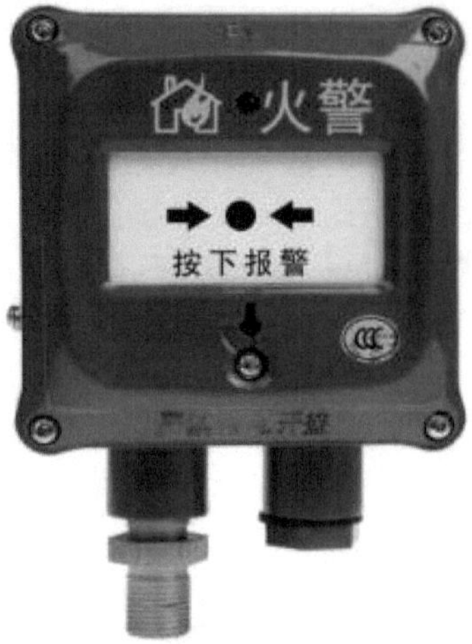

图 2-1　手动火灾报警按钮

二、气体灭火系统

气体灭火系统是指平时灭火剂以液体、液化气体或者气体状态存储于压力容器中，灭火时以气体（包括蒸气、气雾）状态喷射灭火介质的灭火系统。

气体灭火系统能够在防护区空间内形成各方向均一的气体浓度，并且至少能保持该灭火浓度达到规范规定的浸渍时间，从而扑灭该防护区内的空间火灾、立体火灾。常用的气体灭火剂主要有七氟丙烷、混合气体、气溶胶、二氧化碳等。

七氟丙烷灭火系统是目前应用最广泛的气体灭火系统之一，很多诸如机房、配电室、档案室、集装箱等防护区都配置了七氟丙烷灭火系统，但使用单位还需要了解一下它的工作原理，以便在紧要关头能够操作这套灭火系统及时将火扑灭。图 2-2 为悬挂式七氟丙烷灭火系统装置。

图 2-2　悬挂式七氟丙烷灭火系统装置

三、泡沫灭火系统

泡沫灭火系统主要由泡沫消防泵、泡沫液储罐、泡沫比例混合器（装置）、泡沫产生装置、控制阀门及管道等组成。其工作原理是：通过泡沫比例混合器（装置）将泡沫液与水按比例混合成泡沫混合液，再经泡沫产生装置生成泡沫，施加到着火对象上实施灭火。

泡沫灭火系统实质也是一种水消防设施，主要应用在石油化工企业、油库、地下工程、汽车库、各类仓库、煤矿、大型飞机库、船舶等场所。图 2-3 为泡沫灭火系统装置。

图 2-3　泡沫灭火系统装置

四、自动喷水灭火系统

自动喷水灭火系统是指由洒水喷头、报警阀组、水流报警装置（水流指示器或压力开关）等组件，以及管道、供水设施组成，能在发生火灾时喷水的自动灭火系统。自动喷水灭火系统在保护人身和财产安全方面具有安全可靠、经济实用、灭火成功率高等优点，广泛应用于工业建筑和民用建筑。

根据所使用喷头的类型，自动喷水灭火系统可分为闭式自动喷水灭火系统和开式自动喷水灭火系统两大类；根据系统的用途和配置状况，自动喷水灭火系统又分为湿式系统、干式系统、预作用系统、防护冷却系统、雨淋系统、水幕系统（防火分隔水幕和防护冷却水幕）、自动喷水—泡沫联用系统等。

不同类型的自动喷水灭火系统，其工作原理、控火效果等均有差异。因此，应根据设置场所的建筑特征、火灾特点、环境条件等来确定自动喷水灭火系统的选型。

五、水喷雾灭火系统

水喷雾灭火系统主要以水为灭火介质，采用水雾喷头在压力作用下喷洒水雾进行灭火或控火，是一种灭火效能较高、适用范围较广的灭火系统。

水喷雾灭火系统由水源、供水设备、管道、雨淋阀组、过滤器和水雾喷头等组成，向保护对象喷射水雾进行灭火或防护冷却的灭火系统。图 2-4 为高速水雾喷头。

图 2-4 高速水雾喷头

六、细水雾灭火系统

细水雾灭火系统主要以水为灭火介质，采用特殊喷头在压力作用下喷洒细水雾进行灭火或控火，是一种灭火效能较高的、环保的水灭火系统，是国际上常用的哈龙灭火系统的替代系统之一，具有较好的工程应用前景。

细水雾灭火系统由加压供水设备（泵组或瓶组）、系统管网、分区控制阀组、细水雾喷头组成。开式系统还应增加火灾自动报警及联动控制系统等。

细水雾灭火系统按照分配管网中流动介质的压力大小，可以分为高压系统、中压系统和低压系统；按照流动介质类型，可以分为单流体系统和双流体系统；按照安装方式，可以分为现场安装系统和预安装系统；按照采用的细水雾喷头类型，可以分为开式系统和闭式系统；按照系统供水方式（主要是按照驱动源类型），可以分为泵组式、瓶组式及其他类型，目前产品主要是泵组式和瓶组式两种类型。图 2-5 为高压推车式细水雾灭火系统装置。

图 2-5　高压推车式细水雾灭火系统装置

七、干粉灭火系统

干粉灭火系统是由干粉储存装置、输送管道和喷头等组成，通过惰性气体压力驱动、管道输送后经喷头喷出实施灭火的固定式或半固定式灭火系统。

干粉灭火系统按照储存方式，可分为储气瓶型干粉灭火系统和储压型干粉灭火系统；按照安装方式，可分为固定式干粉灭火系统和半固定式干粉灭火系统；按照系统结构特点，可分为管网干粉灭火系统、预制干粉灭火系统和干粉炮灭火系统；按照系统应用方式，可分为全淹没灭火系统和局部应用灭火系统。

干粉灭火系统具有灭火速度快、不导电、对环境条件要求不严格等特点，能自动探测、自动启动系统和自动灭火，广泛适用于港口、列车栈桥输油管线、甲类可燃液体生产线、石化生产线、天然气储罐、储油罐、汽轮机组以及淬火油槽和大型变压器等场所。图 2-6 为干粉炮灭火装置。

图 2-6 干粉炮灭火装置

第二节　自动喷水灭火系统的类型

自动喷水灭火系统是由洒水喷头、报警阀组、水流报警装置（水流指示器或压力开关）等组件，以及管道、供水设施等组成的，能在发生火灾时喷水的自动灭火系统。自动喷水灭火系统在保护人身和财产安全方面具有安全可靠、经济实用、灭火成功率高等优点，广泛应用于工业建筑和民用建筑。

一、自动喷水灭火系统的分类与组成

自动喷水灭火系统根据所使用喷头的类型，可分为闭式自动喷水灭火系统和开式自动喷水灭火系统两大类。

二、闭式自动喷水灭火系统的构成

闭式自动喷水灭火系统按照系统的用途和组件配置，分为湿式自动喷水灭火系统、干式自动喷水灭火系统和预作用自动喷水灭火系统。

（一）湿式自动喷水灭火系统

湿式自动喷水灭火系统（以下简称湿式系统）由闭式喷头、湿式报警阀组、水流指示器或压力开关、供水与配水管道以及供水设施等组成，在准工作状态下，配水管道内充满用于启动系统的有压水。

1. 湿式系统的工作原理

湿式系统在准工作状态下，由消防水箱或稳压泵、气压给水设备等稳压设施维持管道内的充水压力。当保护区域内发生火灾时，在火灾温度的作用下，闭式喷头的热敏元件动作，喷头开启并开始喷水。此时，管网中的水由静止变为流动，水流指示器动作并输出电信号，在火灾报警控制器上显示某一区域喷水的信息。由于持续喷水泄压造成湿式报警阀的上部水压低于下部水压，在压力差的作用下，原来处于关闭状态的湿式报警阀自动开启。此时，压力水通过湿式报警阀流向管网，同时打开通向水力警铃的通道，延迟器充满水后，水力警铃发出声响警报，高位消防水箱流量开关或系统管网的压力开关动作，并输出信号直接启动供水泵。供水泵投入运行后，完成系统的启动过程。

2. 湿式系统的适用范围

湿式系统是应用最为广泛的自动喷水灭火系统之一，适合在温度不低于 4℃且不高于 70℃的环境中使用。在温度低于 4℃的场所使用湿式系统，存在系统管道和组件内充水冰冻的危险；在温度高于 70℃的场所使用湿式系统，存在系统管道和组件内充水蒸气压力升高破坏管道的危险。

（二）干式自动喷水灭火系统

干式自动喷水灭火系统（以下简称干式系统）由闭式喷头、干式报警阀组、水流指示器或压力开关、供水与配水管道、充气设备以及供水设施等组成，在准工作状态下，配水管道内充满用于启动系统的有压气体。干式系统的启动原理与湿式系统相似，只是将传输喷头开放信号的介质由有压水改为有压气体。

1. 干式系统的工作原理

当保护区域内发生火灾时，温度逐渐升高，使得闭式喷头玻璃球炸裂，进而使喷头开启释放压力气体。这时，干式报警阀系统侧压力降低，供水压力大于系统侧压力（产生压差），使得阀瓣打开（干式报警阀开启），其中一路压力水流向洒水喷头，对着保护区洒水，实施灭火，水流指示器报告起火区域，而另一路压力水通过延迟器流向水力警铃，发出持续铃声报警，报警阀组或稳压泵的压力开关输出启动供水泵信号，完成系统启动。系统启动后，由供水泵向开放的喷头供水，开放喷头按照不低于设计规定的喷水强度均匀喷水，实施灭火。

2. 干式系统的适用范围

干式系统适用于环境温度低于 4℃或高于 70℃的场所。干式系统虽然解决了湿式系统不适用于高、低温环境场所的问题，但由于准工作状态下其配水管道内没有水，喷头动作、系统启动时必须经过一个管道排气、充水的过程，因此会出现滞后喷水现象，不利于系统及时控火灭火。

（三）预作用自动喷水灭火系统

预作用自动喷水灭火系统（以下简称预作用系统）由闭式喷头、预作用装置、水流报警装置、供水与配水管道、充气设备和供水设施等组成。在准工作状态下，配水管道内不充水，当保护区域内发生火灾时，由火灾报警系统、充气管道上的压力开关连锁控制预作用装置，启动消防水泵，并转换为湿式系统。预作用系统与湿式系统、干式系统的不同之处在于，系统采用预作用装置，并配套设置火灾自动报警系统。

1. 预作用系统的工作原理

预作用系统处于准工作状态时，由消防水箱或稳压泵、气压给水设备等稳压设施维持雨淋阀入口前管道内的充水压力，雨淋阀后的管道内平时无水或者充以有压气体。当保护区域内发生火灾时，由火灾自动报警系统开启预作用报警阀的电磁阀，配水管道开始排气充水，使得系统在闭式喷头动作之前转换成湿式系统，系统管网的压力开关或高位消防水箱的流量开关直接启动消防水泵并在闭式喷头开启之后立即喷水，实施灭火。

2. 预作用系统的适用范围

预作用系统可消除干式系统在喷头动作后延迟喷水的弊病，因此其在低温和高温环境中可替代干式系统。系统处于准工作状态时，严禁管道充水、严禁系统误喷的忌水场所应采用预作用系统。

三、开式自动喷水灭火系统

开式自动喷水灭火系统按照系统的用途和组件配置，通常可分为雨淋系统和水幕系统。雨淋报警阀启动装置通常采用电动系统、液动或者气动系统等，其中，电动系统由火灾探测器、电磁阀和联动控制系统等组成，液动或者气动系统由充水或者充气的传动管、闭式喷头、压力开关等组成。

（一）雨淋系统

雨淋系统由开式喷头、雨淋报警阀组、水流报警装置、供水与配水管道以及供水设施等组成。

雨淋系统与前几种系统的不同之处在于，雨淋系统采用开式喷头，由雨淋报警阀控制喷水范围，由配套的火灾自动报警系统或传动管自动控制启动雨淋报警阀组和消防水泵。

雨淋系统有电动、液动和气动三种控制方式。

1. 雨淋系统的工作原理

雨淋系统处于准工作状态时，由消防水箱或稳压泵、气压给水设备等稳压设施维持雨淋阀入口前管道内的充水压力。当保护区域内发生火灾时，由火灾自动报警系统或传动管自动控制开启雨淋报警阀和供水泵，向系统管网供水，由雨淋阀控制的开式喷头同时喷水。

2. 雨淋系统的适用范围

雨淋系统的喷水范围由雨淋阀控制，在系统启动后立即大面积喷水。因此，雨淋系统主要适用于需要大面积喷水、快速扑灭火灾的特别危险场所。火灾的水平蔓延速度快，闭式喷头的开放不能及时使喷水有效覆盖着火区域，或者室内净空高度超过一定高度且必须迅速扑救初期火灾，或者火灾危险等级属于严重危险级Ⅱ级的场所，应采用雨淋系统。

（二）水幕系统

水幕系统由开式洒水喷头或水幕喷头、雨淋报警阀组或感温雨淋报警阀组、供水与配水管道、控制阀以及水流报警装置（水流指示器或压力开关）等组成。

与前几种系统的不同之处在于，水幕系统不具备直接灭火的能力，而是用于防火分隔和冷却保护分隔物。水幕系统的组成与雨淋系统基本一致。

1. 水幕系统的工作原理

水幕系统处于准工作状态时，由消防水箱或稳压泵、气压给水设备等稳压设施维持管道内的充水压力。当保护区域内发生火灾时，由火灾自动报警系统联动开启雨淋报警阀组，系统管网压力开关开启并启动供水泵，向系统管网和喷头供水。

2. 水幕系统的适用范围

防火分隔水幕系统利用密集喷洒形成的水墙或多层水帘，可封堵防火分区处的孔洞，阻挡火灾和烟气的蔓延，因此适用于局部防火分隔处。防护冷却水幕系统则利用喷水在物体表面形成的水膜，控制防火分区处分隔物的温度，使分隔物的完整性和隔热性免遭火灾破坏，因此适用于对防火卷帘、防火玻璃墙等防火分隔设施的冷却保护。

第三节　自动喷水灭火系统的主要组件及安装

自动喷水灭火系统由洒水喷头、报警阀组、水流指示器、压力开关、末端试水装置和管网等组件组成，本节主要介绍其结构组成及安装。

一、洒水喷头

根据结构组成、安装方式、热敏元件、覆盖面积和应用场所不同，洒水喷头可分为不同的类型。

（一）喷头分类

闭式喷头具有释放机构，由玻璃球、易熔元件、密封件等零件组成。平时，闭式喷头的出水口由释放机构封闭，达到公称动作温度时，玻璃球破裂或易熔元件熔化，释放机构自动脱落，喷头开启并喷水。闭式喷头具有定温探测器和定温阀及布水器的作用。开式喷头（包括水幕喷头）没有释放机构，喷口呈常开状态。

按照单只喷头的保护面积进行分类，喷头可分为标准覆盖面积喷头和扩大覆盖面积喷头。标准覆盖面积喷头是指流量系数 K≥80，一只喷头的最大保护面积不超过 20m^2 的直立型洒水喷头、下垂型洒水喷头，以及一只喷头的最大保护面积不超过 18m^2 的边墙型洒水喷头；扩大覆盖面积喷头是指流量系数 K≥80，一只喷头的最大保护面积大于标准覆盖面积洒水喷头的保护面积且不超过 36m^2 的洒水喷头，包括直立型扩大覆盖面积洒水喷头、下垂型扩大覆盖面积洒水喷头和边墙型扩大覆盖面积洒水喷头。

（二）喷头选型

对于喷头选型，有下列几种情况。

（1）对于湿式系统，在吊顶下布置喷头时，应采用下垂型或吊顶型喷头；顶板为水平面的轻危险级、中危险级Ⅰ级住宅建筑、宿舍、旅馆建筑客房、医疗建筑病房和办公室，可采用边墙型喷头；易受碰撞的部位，应采用带保护罩的喷头或吊顶型喷头；在不设吊顶的场所内设置喷头，当配水支管布置在梁下时，应采用直立型喷头；顶板为水平面且无梁、通风管道等障碍物影响喷头洒水的场所，可采用扩大覆盖面积洒水喷头；住宅建筑和宿舍、公寓等非住宅类居住建筑宜采用家用喷头。自动喷水防护冷却系统可采用边墙型洒水喷头。图 2-7 为边墙型喷头。

图 2-7　边墙型喷头

（2）对于干式系统和预作用系统，应采用直立型喷头或干式下垂型喷头。图 2-8 为干式下垂型喷头。

图 2-8　干式下垂型喷头

（3）对于水幕系统，防火分隔水幕应采用开式洒水喷头或水幕喷头，防护冷却水幕应采用水幕喷头。图 2-9 为水幕喷头。

图 2-9　水幕喷头

（4）对于公共娱乐场所，中庭环廊，医院、疗养院的病房及治疗区域，老年、少儿、残疾人集体活动场所，超出消防水泵接合器供水高度的楼层，地下商业场所，宜采用快速响应喷头。当采用快速响应喷头时，系统应为湿式系统。图 2-10 为快速响应喷头。

图 2-10　快速响应喷头

（5）不宜选用隐蔽式洒水喷头，确需采用时，应仅适用于轻危险级和中危险级 I 级场所。图 2-11 为隐蔽式洒水喷头。

图 2-11　隐蔽式洒水喷头

（三）喷头安装及质量检测要求

系统试压、冲洗合格后进行喷头安装；安装前，查阅消防设计文件，确定不同使用场所的喷头型号、规格。喷头安装应按照下列要求实施。

（1）采用专用工具安装喷头，严禁利用喷头的框架施拧；喷头的框架、溅水盘产生变形、释放原件损伤的，应采用型号、规格相同的喷头进行更换。

（2）喷头安装时，不得对喷头进行拆装、改动，严禁在喷头上附加任何装饰性涂层。

（3）不同类型的喷头按照下列要求安装。

①直立型喷头连接 DN25mm 短立管或者直接向上直立安装于配水支管上。

②下垂型喷头连接 DN25mm 短立管或直接下垂安装于配水支管上。

③边墙型喷头根据选定的型号、规格，水平安装于顶棚（吊顶）下的边墙上，或者直立向上、下垂安装于顶棚下。

④干式喷头连接于特殊的短立管上，根据其保护区域结构特征和喷头型号、规格，直立向上、下垂或者水平安装于配水支管上，短立管入口处设置密封件，阻止水流在喷头动作前进入短立管。

⑤嵌入式喷头、隐蔽式喷头安装时，喷头根部螺纹及其部分或者全部本体嵌入吊顶护罩内，喷头下垂安装于配水支管上。

⑥齐平式喷头安装时，喷头根部螺纹及部分本体下垂安装于吊顶内配水支管上，部分或者全部热敏元件随部分喷头本体安装于吊顶下。

⑦喷头安装在易受机械损伤处时，加设喷头防护罩。

（4）当喷头的公称直径小于 10mm 时，在系统配水干管、配水管上安装过滤器。

（5）按照消防设计文件要求确定喷头的位置、间距，根据土建工程中吊顶、顶板、门、窗、洞口或者其他障碍物以及仓库的堆垛、货架设置等实际情况，适当调整喷头位置。

（6）当喷头溅水盘高于附近梁底或者高于宽度小于 1.2m 的通风管道、排管、桥架腹面时，喷头溅水盘高于梁底、通风管道、排管、桥架腹面的最大垂直距离应符合《自动喷水灭火系统施工及验收规范》（GB 50261—2017）的规定。梁底、通风管道、排管、桥架宽度大于 1.2m 时，在其腹面以下部位增设喷头。当增设的喷头上方有孔洞、缝隙时，可在喷头的上方设置挡水板。

（7）当喷头安装在不到顶的隔断附近时，喷头与隔断的水平距离和最小垂直距离应当符合《自动喷水灭火系统施工及验收规范》（GB 50261—2017）的规定。

二、报警阀组

（一）报警阀组的分类及组成

报警阀组分为湿式报警阀组、干式报警阀组、雨淋报警阀组和预作用报警装置。

1. 湿式报警阀组

（1）湿式报警阀组的组成。

湿式报警阀是湿式系统的专用阀门，是只允许水流入系统，并在规定压力、流量下驱动配套部件报警的一种单向阀。湿式报警阀组的主要元件为止回阀，其开启条件与入口压力及出口流量有关，与延迟器、水力警铃、压力开关、控制阀等组成报警阀组。图 2-12 为湿式报警阀组。

图 2-12　湿式报警阀组

（2）湿式报警阀的工作原理。

湿式报警阀的结构有两种，即隔板座圈型和导阀型。

隔板座圈型湿式报警阀上设有进水口、报警口、测试口、检修口和出水口，阀内部设有阀瓣、阀座等组件，是控制水流方向的主要可动密封件。在准工作状态下，阀瓣上下充满水，水的压强近似相等。由于阀瓣上面与水接触的面积大于下面与水接触的面积，因此阀瓣受到的水压合力向下。在水压力及自重的作用下，阀瓣坐落在阀座上，处于关闭状态。当水源压力出现波动或冲击时，通过补偿器（或补水单向阀）使上、下腔压力保持一致，水力警铃不发出警报，压力开关不接通，阀瓣仍处于准工作状态。补偿器具有防止误报或误动作的功能。闭式喷头喷水灭火时，补偿器来不及补水，阀瓣上面的水压下降，当其下降到使下腔的水压足以开启阀瓣时，下腔内的水便向洒水管网及动作喷头供水，同时水沿着报警阀的环形槽进入报警口，流向延迟器、水力警铃，水力警铃发出声响警报，压力开关开启，发出电接点信号并启动自动喷水灭火系统的供水泵。

（3）延迟器的工作原理。

延迟器是一个罐式容器，其入口与报警阀的报警水流通道连接，出口与压力开关和水力警铃连接，延迟器入口前安装有过滤器。在准工作状态下，可防止因压力波动而产生误报警。当配水管道发生渗漏时，有可能引起湿式报警阀阀瓣的微小开启，使水进入延迟器。但是，由于水的流量小，进入延迟器的水会从延迟器底部的节流孔排出，使延迟器无法充满水，更不能从出口流向压力开关和水力警铃。只有当湿式报警阀开启，经报警通道进入延迟器的水流将延迟器注满并由出口溢出时，才能驱动水力警铃和压力开关。

（4）水力警铃的工作原理。

水力警铃是一种靠水力驱动的机械警铃，安装在报警阀组的报警管道上，报警阀开启后，水流进入水力警铃并形成一股高速射流，冲击水轮带动铃锤快速旋转，敲击铃盖发出声响警报。

2. 干式报警阀组

（1）干式报警阀组的组成。

干式报警阀组主要由干式报警阀、水力警铃、压力开关、空压机、安全阀、控制阀等组成。报警阀的阀瓣将阀门分成两部分：出口侧与系统管路相连，内充压缩空气；进口侧与水源相连，配水管道中的气压抵住阀瓣，使配水管道始终保持干管状态，通过两侧气压和水压的压力变化控制阀瓣的封闭和开启。喷头开启后，干式报警阀自动开启，其后续的一系列动作类似于湿式报警阀组。图 2-13 为干式报警阀组。

图 2-13　干式报警阀组

（2）干式报警阀的工作原理。

在准工作状态下，报警阀处于关闭位置，橡胶面的阀瓣紧紧地闭合于两个同心的水、气密封阀座上，内侧为水密封圈，外侧为气密封圈，内、外侧之间的环形隔离室与大气相通，大气由报警接口配管通向平时开启的自动滴水球阀。在注水口加水加到打开注水排水阀有水流出为止，然后关闭注水口。注水是为了使气垫圈起到密封作用，防止系统中的空气泄漏到隔离室或大气中。只要管道的气压保持在适当值，阀瓣就始终处于关闭状态。

3. 雨淋报警阀组

（1）雨淋报警阀组的组成。

雨淋报警阀是通过电动、机械或其他方式开启，使水能够自动流入喷水灭火系统并同时进行报警的一种单向阀。其按照结构可分为隔膜式、推杆式、活塞式、蝶阀式雨淋报警阀。雨淋报警阀广泛应用于雨淋系统、水幕系统、水雾系统、泡沫系统等各类开式自动喷水灭火系统中。图 2-14 为雨淋报警阀组。

图 2-14 雨淋报警阀组

（2）雨淋报警阀的工作原理。

雨淋报警阀是水流控制阀，可以通过电动、液动、气动及机械方式开启电磁阀或平衡阀来打开雨淋报警阀。

雨淋报警阀的阀腔分成上腔、下腔和控制腔三部分。控制腔与供水管道连通，中间设限流传压的孔板。供水管道中的压力水推动控制腔中的膜片，进而推动驱动杆顶紧阀瓣锁定杆，锁定杆产生力矩，把阀瓣锁定在阀座上。阀瓣使下腔内的压力水不能进入上腔。控制腔泄压时，使驱动杆作用在阀瓣锁定杆上的力矩低于供水压力作用在阀瓣上的力矩，于是阀瓣开启，供水进入配水管道。

4. 预作用报警装置

预作用报警装置由预作用报警阀组、控制盘、气压维持装置和空气供给装置等组成。它是通过电动、气动、机械或其他方式控制报警阀组开启，使水能够单向流入喷水灭火系统，并同时进行报警的一种单向阀组装置。图 2-15 为预作用报警阀组。

图 2-15　预作用报警阀组

（二）报警阀组的安装

1. 报警阀组的安装及技术检测共性要求

（1）报警阀组安装要求。

报警阀组按照下列要求进行安装，并通过技术检测控制安装质量。

①按照标准图集或者生产厂家提供的安装图样进行报警阀阀体及其附属管路的安装。

②报警阀组垂直安装在配水干管上，水源控制阀、报警阀组水流标识与系统水流方向一致。报警阀组的安装顺序为：先安装水源控制阀、报警阀，再进行报警阀辅助管道的连接。

③按照设计图样中确定的位置安装报警阀组；设计未予明确的，报警阀组安装在便于操作、监控的明显位置。

④报警阀阀体底边距室内地面高度为 1.2m，侧边与墙的距离不小于 0.5m，正面与墙的距离不小于 1.2m，报警阀组凸出部位之间的距离不小于 0.5m。

⑤报警阀组安装在室内时，室内地面增设排水设施。

（2）附件安装要求。

报警阀组相关附件按照下列要求确定其安装位置、进行安装，并通过技术检测控制其安装质量。

①压力表安装在报警阀上便于观测的位置。

②排水管和试验阀安装在便于操作的位置。

③水源控制阀安装在便于操作的位置，且设有明显的开、关标识和可靠的锁定设施。

④水力警铃安装在公共通道或者值班室附近的外墙上，并安装检修、测试用的阀门。

⑤水力警铃和报警阀的连接，采用热镀锌钢管，当镀锌钢管的公称直径为 20mm 时，其长度不宜大于 20m。

⑥安装完毕的水力警铃启动时，警铃声强度不小于 70dB。

⑦系统管网试压和冲洗合格后，排气阀安装在配水干管顶部、配水管的末端。

2. 湿式报警阀组的安装及技术检测要求

湿式报警阀组除按照报警阀组安装的共性要求进行安装、技术检测外，还需符合下列要求。

（1）报警阀前后的管道能够快速充满水；当产生压力波动时，水力警铃不发生误报警。

（2）过滤器安装在报警水流管路上，其位置在延迟器前，且便于排渣操作。

3. 干式报警阀组的安装及技术检测要求

干式报警阀组除按照报警阀组安装的共性要求进行安装、技术检测外，还需符合下列要求。

（1）安装在不发生冰冻的场所。

（2）安装完成后，向报警阀气室注入高度为50mm～100mm的清水。

（3）充气连接管路的接口安装在报警阀气室充注水位以上部位，充气连接管道的直径不得小于15mm；止回阀、截止阀安装在充气连接管路上。

（4）按照消防设计文件要求安装气源设备，符合现行国家相关技术标准的规定。

（5）安全排气阀安装在气源与报警阀组之间，且应靠近报警阀组一侧。

（6）加速器安装在靠近报警阀的位置，设有防止水流进入加速器的措施。

（7）低气压预报警装置安装在配水干管一侧。

（8）报警阀充水一侧和充气一侧、空气压缩机的气泵和储气罐以及加速器等部位分别安装监控用压力表；管网充气压力符合消防设计文件的规定值。

4. 雨淋报警阀组的安装及技术检测要求

雨淋报警阀组除按照报警阀组安装的共性要求进行安装、技术检测外，还需符合下列要求。

（1）雨淋报警阀组可采用电动开启、传动管开启或手动开启等控制方式，手动开启控制装置安装在安全可靠的位置，水传动管的安装参照湿式系统的有关要求布置喷头。

（2）需要充气的预作用系统的雨淋报警阀组，按照干式报警阀组有关要求进行安装。

（3）按照消防设计文件要求，在便于观测和操作的位置设置雨淋阀组的观测仪表和操作阀门。

（4）按照消防设计文件要求，确定雨淋报警阀组手动开启装置的安装位置，以便发生火灾时能安全开启、便于操作。

（5）压力表安装在雨淋阀的水源一侧。

5. 预作用装置的安装及技术检测要求

预作用装置除按照报警阀组安装的共性要求进行安装、技术检测外，还需符合下列要求。

（1）系统主供水信号蝶阀、雨淋报警阀、湿式报警阀等集中垂直安装在被保护区附近且最低环境温度不低于 4℃的室内，以免低温使隔膜腔内的存水冰冻而导致系统失灵。

（2）在隔膜雨淋报警阀组的水源侧管道法兰和隔膜雨淋报警阀系统侧出水口处分别放入密封垫，拧紧法兰螺栓，再与系统管网连接。在湿式报警阀的平直管段上开孔接管，与由低气压开关、空气压缩机、电接点压力表等空气维持装置相连接。

（3）系统放水阀、电磁阀、手动快开阀、水力警铃、补水漏斗等部位设置排水设施，排水设施能够将系统出水排入排水管道。

（4）将雨淋报警阀上的压力开关、电磁阀、信号蝶阀引出线以及空气维持装置上的气压压力开关、电接点压力表引出线分别与消防控制中心控制线路相连接。

（5）水力警铃按照湿式自动喷水灭火系统的要求进行安装。

（6）预作用装置安装完毕后，将雨淋报警阀组的防复位手轮转至防复位锁止位置，手轮上红点对准标牌上的锁止位置，使系统处于伺应状态。

三、水流报警装置

水流报警装置根据系统类型的不同，可选用水流指示器、压力开关及其组合对系统水流压力、流动等进行监控报警。

（一）水流指示器

1. 水流指示器的组成

水流指示器是在自动喷水灭火系统中将水流信号转换成电信号的一种水流报警装置，一般用于湿式系统、干式系统、预作用系统、循环启闭式系统、自动喷水—泡沫联用系统中。

水流指示器的桨片与水流方向垂直，喷头开启后引起管道中的水流动，当桨片或膜片感知到水流的作用力时带动微动开关动作，接通延时线路，延时器开始计时。达到设定的延时时间后，桨片仍向水流方向偏转无法回位，则电触点闭合，输出信号。当水流停止时，桨片和动作杆复位，触点断开，信号消除。图 2-16 为水流指示器。

图 2-16 水流指示器

2. 水流指示器的安装与技术检测要求

管道试压和冲洗合格后，确认管内没有焊渣等异物，方可安装水流指示器。水流指示器安装前，对照消防设计文件核对产品型号、规格。水流指示器按照下列要求进行安装。

（1）水流指示器桨片、膜片竖直安装在水平管道上侧，其动作方向与水流方向一致。

（2）水流指示器安装后，其桨片、膜片动作灵活，不得与管壁发生碰擦。

（3）信号阀应安装在水流指示器前的管道上，与水流指示器之间的距离不宜小于 300mm。

（二）压力开关

1. 压力开关的组成

压力开关是一种压力传感器，它是自动喷水灭火系统中的一个部件，其作用是将系统的压力信号转化为电信号。接压力开关的管道充水压力达到设定值时，压力开关受到水压的作用接通电触点，输出信号，实现报警和启动消防水泵。图 2-17 为压力开关。

图 2-17　压力开关

2. 压力开关的安装与技术检测要求

压力开关按照下列要求进行安装。

（1）压力开关竖直安装在通往水力警铃的管道上，安装过程中不得拆装改动。

（2）按照消防设计文件或者厂家提供的安装图样安装管网上的压力控制装置。

第四节　消火栓给水系统的设计及安装

消火栓给水系统是指为建筑消防服务的，以消火栓为给水点、以水为主要灭火剂的消防给水系统，主要由消火栓、给水管道、供水设施等组成。

按设置区域不同，消火栓给水系统分为城市消火栓给水系统和建筑物消火栓给水系统。

按设置位置不同，消火栓给水系统分为室外消火栓给水系统和室内消火栓给水系统。

一、消防给水系统和消防给水设施

（一）消防给水系统

消防给水系统分为常高压消防给水系统、临时高压消防给水系统和低压消防给水系统三种类型。

1. 常高压消防给水系统

常高压消防给水系统始终能满足水灭火系统所需的工作压力和流量，火灾时无须开启消防水泵，该类型的系统可向任何水灭火系统供水。

2. 临时高压消防给水系统

临时高压消防给水系统平时不能满足水灭火系统所需要的工作压力和流量，火灾时需启动消防泵。该系统也可向任何水灭火系统供水。

3. 低压消防给水系统

低压消防给水系统能满足车载或手抬移动消防泵等取水所需要的工作压力和流量，管网内的压力较低，当火灾发生时，消防队员打开最近的室外消火栓，将消防车与室外消火栓连接，从室外管网内吸水加入消防车内，然后利用消防车直接加压灭火，或者由消防车通过水泵接合器向室内管网内加压供水。建筑物室外宜采用低压消防给水系统，当采用市政给水管网时，应采用双路消防供水，除建筑高度超过 54m 的住宅外，室外消火栓设计流量小于或等于 20L/s 时可采用一路消防供水，且室外消火栓应由市政给水管网直接供水。

（二）消防给水设施

消防给水设施包括：消防水源（消防水池）、消防水泵、消防供水管道、增（稳）压设备（消防气压罐）、消防水泵接合器和消防水箱等。

1. 消防水泵

消防水泵通过叶轮的旋转将能量传递给水，从而增加水的动能和压力能，并将其输送到灭火设备处，以满足各种灭火设备的水量和水压要求，它是消防给水系统的心脏。目前，消防给水系统中使用的水泵多为离心泵，因为该类水泵具有适用范围广、型号多、供水连续、可随意调节流量等优点。

这里所说的消防水泵主要是指水灭火系统中的消防给水泵，如消火栓泵、喷淋泵、消防转输泵等。

2. 消防水泵接合器

消防水泵接合器是供消防车向消防给水管网输送消防用水的预留接口。它既可用于补充消防水量，也可用于增加消防给水管网的水压。

在发生火灾的情况下，当建筑物内的消防水泵发生故障或室内消防用水不足时，消防车从室外取水，通过水泵接合器将水输送到室内消防给水管网，供灭火使用。

3. 增（稳）压设备（消防气压罐）

对于采用临时高压消防给水系统的高层或多层建筑，当消防水箱设置高度不能满足系统最不利点灭火设备所需的水压要求时，应设置增（稳）压设备。增（稳）压设备一般由稳压泵、隔膜式气压罐、管道附件及控制装置等组成。

4. 消防水源（消防水池）

在市政给水管道、进水管道或天然水源不能满足消防用水量，以及市政给水管道为枝状或只有一条进水管的情况下，且室外消火栓设计流量大于 20L/s 或建筑高度大于 50m 的建（构）筑物应设消防水池。不同建（构）筑物设置的消防水池，其有效容量应根据国家相关消防技术标准经计算确定。

5. 消防水箱

采用临时高压消防给水系统的建筑物应设置高位消防水箱。

设置消防水箱的目的：一是提供系统启动初期的消防用水量和水压，在消防泵出现故障的紧急情况下应急供水，确保喷头开放后立即喷水，以及时控制初期火灾，并为外援灭火争取一定时间；二是利用高位差为系统提供准工作状态下所需的水压，以达到管道内充水并保持一定压力的目的。

设置常高压消防给水系统并能保证最不利点消火栓和自动喷水灭火系统等的水量和水压的建筑物，或设置干式消防竖管的建筑物，可不设置消防水箱。

二、室外消火栓给水系统

室外消火栓给水系统的任务是通过室外消火栓为消防车等消防设备提供消防用水，或通过进户管为室内消防给水设备提供消防用水。室外消防给水系统应满足扑救火灾时各种消防用水设备对水量、水压和水质的基本要求。

（一）室外消火栓给水系统的组成

室外消火栓给水系统通常是指室外消防给水系统，它是设置在建筑物外墙外的消防给水系统，主要承担城市、集镇、居住区或工矿企业等室外部分的消防给水任务。

室外消火栓给水系统由消防水源、消防供水设备、室外消防给水管网和室外消火栓灭火设施组成。室外消防给水管网包括进水管、干管和相应的配件、附件；室外消火栓灭火设施包括室外消火栓、水带、水枪等设施。

（二）室外消火栓的分类

室外消火栓是设置在市政道路路旁或建筑物外面消防给水管网上的供水设施，主要供消防车从市政给水管网或室外消防给水管网取水实施灭火，也可以直接连接水带、水枪出水灭火，是扑救火灾的重要消防设施之一。

按安装场合不同，室外消火栓可分为地上式室外消火栓和地下式室外消火栓两种。

（1）地上式室外消火栓。地上式室外消火栓在地上接水，操作方便，但易被碰撞，易受冻。

（2）地下式室外消火栓。地下式室外消火栓防冻效果好，但需要建较大的地下井室，且使用时消防队员要到井内接水，操作非常不方便。

按消火栓的进水口与城市自来水管网的连接方式不同，室外消火栓可分为承插式室外消火栓和法兰式室外消火栓两种。

按进水口的公称通径不同，室外消火栓可分为100mm和150mm两种。进水口公称通径为100mm的消火栓，其吸水管出水口应选用规格为100mm的消防接口，水带出水口应选用规格为65mm的消防接口。进水口公称通径为150mm的消火栓，其吸水管出水口应选用规格为150mm的消防接口，水带出水口应选用规格为80mm的消防接口。

按公称压力不同，室外消火栓可分为1.0MPa和1.6MPa两种。其中，承插式室外消火栓公称压力为1.0MPa，法兰式室外消火栓公称压力为1.6MPa。

按其用途不同，室外消火栓可分为普通型室外消火栓和特殊型室外消火栓。特殊型室外消火栓又有泡沫型、防撞型、调压型、减压稳压型之分。

（三）室外消火栓的安装调试

室外消火栓的安装调试可分为以下几个步骤。

1. 安装准备

室外消火栓的安装应做好如下准备工作。

（1）认真熟悉图样，结合现场情况复核管道的坐标、标高位置是否得当。如有问题，及时与设计人员研究解决。

（2）检查预留及预埋位置是否正确，临时剔凿应与设计、土建工程人员协调好。

（3）检查设备材料是否符合设计要求和质量标准。

（4）安排合理的施工顺序，避免工种交叉作业干扰，影响施工。

2. 管道安装

管道安装应做好如下工作。

（1）管道安装应根据设计要求使用管材，按压力要求选用管材。

（2）管道在焊接前应清除接口处的浮锈、污垢及油脂。

（3）室外消火栓安装前，管件内外壁均涂沥青冷底子油两遍，外壁须另加热沥青两遍、面漆一遍；埋入土中的法兰盘接口涂沥青冷底子油两遍，外壁须另加热沥青两遍、面漆一遍，并用沥青麻布包严；消火栓井内铁件也应涂热沥青防腐。

3. 栓体安装

消火栓安装于人行道沿上 1.0m 处，采用钢制双盘短管调整高度，做内外防腐。

地上式室外消火栓安装时，消火栓顶距地面高 0.64m，立管应垂直、稳固，控制阀门井距消火栓不应超过 1.5m，消火栓弯管底部应设支墩或支座。

地下式室外消火栓应安装在消火栓井内，消火栓井一般用 MU7.5 红砖、M7.5 水泥砂浆砌筑。消火栓井内径不应小于 1.5m。井内应设爬梯以方便阀门维修。

消火栓与主管连接的三通或弯头下部位应带底座，底座应加垫混凝土支墩，支墩与三通、弯头底部用 M7.5 水泥砂浆抹成八字托座。

消火栓井内供水主管底部距井底不应小于 0.2m，消火栓顶部至井盖底的距离应不小于 0.2m，冬季室外温度低于-20℃的地区，地下消火栓井口须做保温处理。

安装地上式室外消火栓时，其放水口应用粒径为 20mm～30mm 的卵石做渗水层，铺设半径为 500mm，铺设厚度自地面下 100mm 至槽底。铺设渗水层时，应保护好放水弯头，以免造成弯头损坏。

三、室内消火栓给水系统

室内消火栓给水系统是建筑物应用最广泛的一种消防设施。它既可供火灾现场人员使用消火栓箱内的消防水喉、水枪扑救初期火灾，又可供消防队员扑救建筑物的大火使用。室内消火栓实际上是室内消防给水管网向火场供水的带有专用接口的阀门，其进水端与消防管道相连，出水端与水带相连。

（一）室内消火栓给水系统的组成

室内消火栓给水系统由消防给水、管网、室内消火栓及系统附件等组成。其中，消防给水包括市政管网、室外消防给水管网、室外消火栓、消防水池、消防水泵、消防水箱、稳压泵、水泵接合器等，该设施的主要任务是为系统储存并提供灭火用水。消防给水管网包括进水管、水平干管、消防竖管等，其主要任务是向室内消火栓设备输送灭火用水。室内消火栓设备包括水带、水枪、水喉等，是供现场人员灭火使用的主要工具。系统附件包括各种阀门、屋顶消火栓等。报警控制设备用于启动消防水泵。

（二）室内消火栓给水系统的工作原理

室内消火栓给水系统的工作原理与系统采用的给水方式有关，通常针对建筑消防给水系统采用的是临时高压消防给水系统。在临时高压消防给水系统中，系统设有消防泵和高位消防水箱。火灾发生时，现场人员打开消火栓箱，连接水带与消火栓栓口，打开消火栓的阀门，消火栓即可投入使用。按下消火栓箱内的按钮向消防控制中心报警，同时设在高位水箱出水管上的流量开关和设在消防水泵出水干管上的压力开关或报警阀压力开关等开关信号可直接启动消防水泵。在供水初期，由于消火栓泵的启动需要一定的时间，其初期供水由高位消防水箱来供给。

对于消火栓泵的启动，还可由消防现场、消防控制中心控制，消火栓泵一旦启动便不得自动停泵，停泵只能由现场人员手动控制。

（三）室内消火栓给水系统的分类

室内消火栓给水系统按建筑类型不同，可分为低层建筑室内消火栓给水系统和高层建筑室内消火栓给水系统。同时，根据低层建筑和高层建筑给水方式的不同，又可进一步细分。给水方式是指建筑物消火栓给水系统的供水方案。

1. 低层建筑室内消火栓给水系统及其给水方式

低层建筑室内消火栓给水系统是设置在低层建筑物内的消火栓给水系统。低层建筑发生火灾时，既可利用其室内消火栓设备接上水带、水枪灭火，又可利用消防车从室外水源抽水直接灭火，使其得到有效地救援。

低层建筑室内消火栓给水系统的给水方式分为以下两种类型。

（1）直接给水方式。

直接给水方式无加压水泵和水箱，室内消防用水直接由室外消防给水管网提供，其构造简单、投资少，可充分利用外网水压，节省能源；但由于其内部无储存水量，外网一旦停水，内部立即断水，可靠性差。当室外给水管网所供水量和水压在全天任何时候均能满足系统最不利点消火栓设备所需水量和水压时，可采用这种给水方式。采用这种给水方式，当生产、生活、消防合用管网时，其进水管上设置的水表应考虑消防流量，当只有一条进水管时，可在水表节点处设置旁通管。

（2）设有消防水泵和消防水箱的给水方式。

这种给水方式同时设有消防水泵和消防水箱，是最常用的低层建筑室内消火栓给水系统给水方式。系统中的消防用水平时由屋顶水箱提供，生产、生活水泵定时向水箱补水，火灾发生时可启动消防水泵向系统供水。当室外消防给水管网的水压经常不能满足室内消火栓给水系统所需水压时，宜采用这种给水方式。当室外给水管网不允许消防水泵直接吸水时，应设置消防水池。

高位消防水箱的设置高度应满足室内最不利点消火栓设备的水压要求，水泵启动后，消防用水不应进入消防水箱。

2. 高层建筑室内消火栓给水系统及其给水方式

设置在高层建筑物内的消火栓给水系统称为高层建筑室内消火栓给水系统。高层建筑一旦发生火灾，其火势猛、蔓延快，救援及疏散困难，极易造成人员伤亡和重大经济损失。因此，高层建筑必须依靠建筑物内设置的消防设施进行自救。高层建筑室内消火栓给水系统应采用独立的消防给水系统。

（1）不分区消防给水方式。

整栋大楼采用一个区供水，系统简单、设备少。当高层建筑最低消火栓栓口外的静水压力不大于 1.0MPa，或系统工作压力不大于 2.40MPa 时，可采用此种给水方式。

（2）分区消防给水方式。

在消防给水系统中，由于配水管道的工作压力要求，系统有不同的给水方式。系统给水方式的划分原则上可根据管材、设备等确定。当高层建筑最低消火栓栓口处的静水压力大于 1.00MPa 或系统工作压力大于 2.40MPa 时，应采用分区消防给水系统。分区消防给水方式应根据系统压力、建筑特征、综合技术经济和安全可靠性等因素确定，可采用消防水泵并行或串联、减压水箱和减压阀减压的方式，但当系统的工作压力大于 2.4MPa 时，应采用消防水泵串联或减压水箱分区供水方式。

采用消防水泵串联分区供水时，宜采用消防水泵转输水箱串联供水方式，并符合下列规定。

①当采用消防水泵转输水箱串联分区供水时，转输水箱的有效储水容积不应小于 60m³，转输水箱可作为高位消防水箱。

②串联转输水箱的溢流管宜连接到消防水池。

③当采用消防水泵直接串联分区供水时，应采取确保供水可靠性的措施，且消防水泵从低区到高区应能依次顺序启动。

④当采用消防水泵直接串联分区供水时，应校核系统供水压力，并应在串联消防水泵出水管上设置减压型倒流防止器。

采用减压阀减压分区供水时应符合下列规定。

①消防给水所采用的减压阀性能应安全可靠，并应满足消防给水的要求。

②每一供水分区应设不少于两组的减压阀组，每组减压阀组宜设置备用减压阀。

③减压阀仅应设置在单向流动的供水管上，不应设置在双向流动的输水干管上。

④减压阀宜采用比例式减压阀，当系统工作压力超过 1.20MPa 时，宜采用先导式减压阀。

⑤减压阀的阀前阀后压力比不宜大于 3：1，当一级减压阀减压不能满足要求时，可采用减压阀串联减压，但串联减压不应超过两级，第二级减压阀宜采用先导式减压阀，阀前阀后压力差不宜超过 0.40MPa。

⑥减压阀后应设置安全阀，安全阀的开启压力应能保证系统安全，且不应影响系统的供水安全性。

采用减压水箱减压分区供水时应符合下列规定。

①减压水箱的有效容积不应小于 18m³，且宜分为两格。

②减压水箱应有两条进出水管，且每条进出水管均应满足消防给水系统所需消防用水量的要求。

③减压水箱进水管的水位控制应可靠，宜采用水位控制阀。

④减压水箱进水管应设置防冲击和溢水的技术措施，并宜在进水管上设置紧急关闭阀门。溢流水宜回流到消防水池。

（四）室内消火栓的安装调试

室内消火栓的安装调试分为以下几个步骤。

1. 安装准备

室内消火栓系统管材应根据设计要求选用，一般采用碳素钢管或无缝钢管，管材不得有弯曲、锈蚀、重皮及凹凸不平等现象。

消火栓箱体的规格类型应符合设计要求，箱体表面平整、光洁。金属箱体无锈蚀、划伤，箱门开启灵活。箱体方正，箱内配件齐全。栓阀外形规矩，无裂纹，启闭灵活，关闭严密，密封填料完好，有产品出厂合格证。

2. 管道安装

管道在焊接前应清除接口处的浮锈、污垢及油脂。

公称直径≤100mm 的管道，采用螺纹连接；公称直径＞100mm 的管道，采用焊接或法兰连接。连接后均不得减少管道的通水横断面面积。

管道安装必须按图样设计要求的轴线位置和标高进行定位放线。安装顺序一般是主干管、干管、分支管、横管、垂直管。

室内与走廊必须按图样设计要求的天花高度，首先让主干管紧贴梁底走管，干管、分支管紧贴梁底或楼板底走管，横管、垂直管根据图样及结合现场实际情况按规范布置，尽量做到美观合理。

管井的消防立管安装采用从下至上的安装方法，即管道从管井底部逐层驳接安装，直至立管全部安装完成，并且固定至各层支架上。

管道穿梁及地下室剪力墙、水池等，应装设预埋套管。

当管道壁厚≤4mm、直径≤50mm 时应采用气焊，当壁厚≥4.5mm、直径＞70mm 时应采用电焊。

不同管径的管道焊接，连接时如两管管径相差不超过小管径的15%，可将大管端部缩口与小管对焊。如果两管管径相差超过小管径的15%，应采用变径管件焊接。

管道对口焊缝上不得开口焊接支管，焊口不得安装在支吊架位置。

管道穿墙处不得有接口，管道穿过伸缩缝处应有抗变形措施。

碳素钢管开口焊接时要错开焊缝，并使焊缝朝向易观察和维修的方向上。

管道焊接时先点焊三点以上，在检查预留口位置、方向、变径等无误后，找直、找正再焊接，紧固卡件，拆掉临时固定件。

管网安装完毕后，应对其进行强度试验、冲洗和严密性试验。

水压强度试验的测试点应设在系统管网的最低点。对管网注水时，应将管网内的空气排净，并应缓慢升压，达到试验压力后，稳压30min，管网应无泄漏、无变形，且压力降不应大于0.05MPa。

管网冲洗应在试压合格后分段进行。冲洗顺序应先室外、后室内，先地下、后地上。室内部分的冲洗应按配水干管、配水管、配水支管的顺序进行；管网冲洗结束后，应将管网内的水排除干净。

水压严密性试验应在水压强度试验和管网冲洗合格后进行。试验压力应为设计工作压力，稳压24h，应无泄漏。

3. 栓体及配件安装

消火栓箱体要符合设计要求（其材质有铁、铝合金等）。产品均应有质量合格证明文件方可使用。

消火栓支管要以栓阀的坐标、标高来定位，然后稳固消火栓箱，箱体找正稳固后再把栓阀安装好，当栓阀侧装在箱内时应在箱门开启的一侧，箱门开关应灵活。

消火栓箱体安装在轻体隔墙上应有加固措施。

箱体配件安装应在交工前进行。消防水带应折好放在挂架上或者卷实、盘紧放在箱内；消防水枪要竖放在箱体内侧，自救式水枪和软管应放在挂卡上或放在箱底部。消防水带与水枪、快速接头的连接，一般用14#铅丝绑扎两道，每道不少于两圈，使用卡箍时，在里侧加一道铅丝。设有电控按钮时，应注意与电气专业配合施工。

管道支架、吊架的安装间距、材料选择，必须严格按照规定要求和施工图样的规定进行，接口缝距支、吊连接缘不应小于50mm，焊缝不得放在墙内。

阀门的安装应紧固、严密，与管道中心垂直，操作机构灵活、准确。

03

第三章

消防防烟排烟系统

第一节 防烟排烟系统

防烟排烟系统按照其控烟机理，分为防烟系统和排烟系统，通常称为防烟设施和排烟设施。防烟设施分为机械加压送风的防烟设施和可开启外窗的自然排烟设施；排烟设施分为机械排烟设施和可开启外窗的自然排烟设施。防烟排烟系统由风口、风阀、排烟窗和风机、风道以及相应的控制系统构成。

一、防烟系统

（一）机械加压送风的防烟设施

机械加压送风的防烟设施包括加压送风机、加压送风管道、加压送风口等。当防烟楼梯间加压送风而前室不送风时，楼梯间与前室的隔墙上还可能设有余压阀。

1. 加压送风机

一般采用中、低压离心风机，混流风机或轴流风机。

2. 加压送风管道

加压送风管道采用不燃材料制作。

3. 加压送风口

加压送风口分为常开式、常闭式和自垂百叶式三种类型。常开式加压送风口即普通的固定叶片式百叶风口；常闭式加压送风口采用手动或电动开启，常用于前室或合用前室；自垂百叶式加压送风口平时靠百叶重力自行关闭，加压时自行开启，常用于防烟楼梯间。

（二）可开启外窗的自然排烟设施

作为防烟方式之一的可开启外窗的自然排烟设施，是指位于防烟楼梯间及其前室、消防电梯前室或合用前室外墙上的洞口或便于人工开启的普通外窗。可开启外窗的开启面积及开启的便利性都有相应的要求，虽然不列为专门的消防设施，但其设置与维护管理仍不能忽视。

二、排烟系统

（一）机械排烟设施

机械排烟设施包括排烟风机、排烟管道、排烟防火阀、排烟口、挡烟垂壁等。

1. 排烟风机

一般可采用离心风机、排烟专用的混流风机或轴流风机，也有的采用风机箱或屋顶式风机。排烟风机区别于加压送风机的地方在于：排烟风机应保证在 280℃的环境条件下能连续工作不少于 30min。

2. 排烟管道

排烟管道采用不燃材料制作。常用的排烟管道采用镀锌钢板加工制作，厚度应符合高压系统要求，并应采取隔热防火措施或与可燃物保持不小于 150mm 的距离。

3. 排烟防火阀

排烟防火阀是安装在机械排烟设施的管道上，平时呈开启状态，火灾时当排烟管道内温度达到 280℃时关闭，并在一定时间内能满足漏烟量和耐火完整性要求，起隔烟阻火作用的阀门。排烟防火阀一般由阀体、叶片、执行机构和温感器等部分组成。

4. 排烟口

安装在机械排烟设施的风管（风道）管壁上作为烟气吸入口，平时呈关闭状态并满足允许漏风量要求，火灾或需要排烟时手动或电动打开，起排烟作用，外加带有装饰口或进行过装饰处理的阀门称为排烟口。

5. 挡烟垂壁

挡烟垂壁是用于分隔防烟分区的装置或设施，可分为固定式和活动式两种类型。固定式挡烟垂壁可采用隔墙、楼板下不小于 500mm 的梁或吊顶下凸出不小于 500mm 的不燃烧体；活动式挡烟垂壁本体采用不燃烧体制作，平时隐藏于吊顶内或卷缩在装置内，当其所在部位温度升高，或消防控制中心发出火警信号，或直接接收烟感信号后，挡烟垂壁迅速垂落至设定高度，限制烟气流动以形成“储烟仓”，便于排烟系统将高温烟气迅速排出室外。

（二）可开启外窗的自然排烟设施

可开启外窗的自然排烟设施包括常见的便于人工开启的普通外窗，以及专门为高大空间自然排烟而设置的自动排烟窗。自动排烟窗平时作为自然通风设施，根据气候条件及通风换气的需要开启或关闭。发生火灾时，在消防控制中心发出火警信号或直接接收烟感信号后开启，同时具有自动和手动开启功能。

第二节 防烟排烟系统的设置条件

防烟排烟系统是建筑物内设置的用以控制烟气运动，将火灾产生的烟气及时排除，防止和延缓烟气扩散，保证疏散通道不受烟气侵害，确保建筑物内人员顺利疏散、安全避难，并为消防救援创造有利条件的防烟系统和排烟系统的总称。

防烟系统是指采用机械加压送风或自然通风（自然排烟）的方式，防止烟气进入楼梯间、前室、合用前室、避难层（间）等安全疏散区域的设施。排烟系统是指采用机械排烟或自然排烟的方式，将房间、走道等空间的烟气排至建筑物外的设施。

一、防烟系统

（一）防烟设施的设置场所或部位

1. 应设置防烟设施的场所或部位

应设置防烟设施的场所或部位有以下几处。

（1）防烟楼梯间及其前室。

（2）消防电梯间前室或合用前室。

（3）避难走道的前室、避难层（间）。

2. 可不设置防烟系统的楼梯间

建筑高度不超过50m的公共建筑、厂房、仓库和建筑高度不超过100m

的住宅建筑，当其防烟楼梯间的前室或合用前室符合下列条件之一时，楼梯间可不设置防烟系统。

（1）前室或合用前室采用敞开的阳台、凹廊。

（2）前室或合用前室具有不同朝向的可开启外窗，且可开启外窗的面积满足自然排烟口的面积要求。

（二）自然通风

1. 自然通风的原理

自然通风是以热压和风压作用的、不消耗机械动力的一种经济的通风方式。如果室内外空气存在温度差或者窗户开口之间存在高度差，则会产生热压作用下的自然通风。当室外气流遇到建筑物时，会产生绕流流动，在气流的冲击下，将在建筑迎风面形成正压区，在建筑屋顶上部和建筑背风面形成负压区，这种建筑物表面所形成的空气静压变化即为风压。当建筑物同时受到热压、风压作用时，外围护结构上的各窗孔就会产生因内外压差引起的自然通风。

2. 自然通风方式的选择

当建筑物发生火灾时，疏散楼梯是建筑物内部人员疏散的唯一通道。前室、合用前室是消防队员进行火灾扑救的起始场所，也是人员疏散必经的通道。因此，发生火灾时无论采用何种防烟方法，都必须保证它的安全性，防烟就是控制烟气不进入上述安全区域。

对于建筑高度小于等于50m的公共建筑、工业建筑和建筑高度小于等于100m的住宅建筑，由于这些建筑受风压作用影响较小，利用建筑本身的采光通风也可起到防止烟气进一步进入安全区域的作用，因此其防烟楼梯的楼梯间、独立前室、合用前室及消防电梯前室宜采用自然通风方式的防烟系统。当采用敞开的凹廊、阳台作为防烟楼梯间的前室、合用前室及消防电梯前室，或者防烟楼梯间前室、合用前室及消防电梯前室具有两个不同朝向的可开启外窗且可开启窗面积符合规定时，可以认为前室或合用前室自然通风，能及时排出防火门开启时从建筑内漏入前室或合用前室的烟气，并可阻止烟气进入防烟楼梯间，当加压送风口设置在独立前室、合用前室及消防电梯前室顶部或正对前室入口的墙面时，楼梯间可采用自然通风方式的防烟系统。

3. 自然通风设施的设置要求

自然通风设施的设置有以下几个要求。

（1）封闭楼梯间、防烟楼梯间每5层内的可开启外窗或开口的有效面积不应小于2.00m^2，且在该楼梯间的最高部位应设置有效面积不小于1.00m^{2}的可开启外窗或开口。

（2）防烟楼梯间前室、消防电梯前室可开启外窗或开口的有效面积每层不应小于2.00m^2，合用前室可开启外窗或开口的有效面积每层不应小于3.00m^2。

（3）采用自然通风方式的避难间应设有不同朝向的可开启外窗，其有效面积不应小于该避难间地面面积的2%，且每个朝向的可开启外窗的有效面积不应小于2.00m^2。

（4）采用自然通风方式的避难层应设有不同朝向的可开启外窗，其有效面积不应小于该避难层地面面积的2%，且每个朝向的可开启外窗的有效面积不应小于2.00m^2。

注：避难层是否采用自然通风方式与自然通风的适用范围无关，只与其是否是封闭避难层有关。外窗应采用乙级防火窗。

（5）可开启外窗应方便开启，设置在高处的可开启外窗应设置距地面高度为1.30m～1.50m的开启装置（方便成人开启，防止未成年人误动作）。

（6）可开启外窗或开口的有效面积需通过计算确定，与自然排烟相关要求相同。

（三）机械加压送风

1. 机械加压送风系统的工作原理

机械加压送风方式是通过送风机所产生的气体流动和压力差来控制烟气流动的，即在建筑内发生火灾时，对着火区以外的有关区域进行送风加压，使其保持一定正压，以防止烟气侵入的一种防烟方式。

为保证疏散通道不受烟气侵害以及人员能安全疏散，当发生火灾时，从安全性的角度出发，高层建筑内可分为四个安全区：第一类安全区为防烟楼梯间、避难层，第二类安全区为防烟楼梯间前室、消防电梯间前室或合用前室，第三类安全区为走道，第四类安全区为房间。依据上述原则，加压送风时应使防烟楼梯间压力＞前室压力＞走道压力＞房间压力，同时要保证各部分之间的压差不要过大，以免造成开门困难，从而影响疏散。当火灾发生时，机械加压送风系统应能够及时开启，防止烟气侵入作为疏散通道的走廊、楼梯间及其前室，以确保有一个安全可靠、畅通无阻的疏散通道和环境，为安全疏散提供足够的时间和条件。

2. 机械加压送风系统的适用范围

建筑高度＞50m的公共建筑、工业建筑，建筑高度＞100m的住宅建筑；建筑高度≤50m的公共建筑、工业建筑，建筑高度≤100m但不满足自然通风方式的设置条件的住宅建筑。

3. 机械加压送风系统的选择

建筑高度小于等于50m的公共建筑、工业建筑和建筑高度小于等于100m的住宅建筑，当前室或合用前室采用机械加压送风系统，且其加压送风口设置在前室的顶部或正对前室入口的墙面上时，楼梯间可采用自然通风方式。当前室的加压送风口的设置不符合上述规定时，防烟楼梯间应采用机械加压送风系统。将前室的机械加压送风口设置在前室的顶部，其目的是形成有效阻隔烟气的风幕；而将送风口设在正对前室入口的墙面上，是为了达到正面阻挡烟气侵入前室的目的。

建筑高度大于50m的公共建筑、工业建筑和建筑高度大于100m的住宅建筑，其防烟楼梯间、消防电梯前室应采用机械加压送风方式的防烟系统。

当防烟楼梯间采用机械加压送风系统时，楼梯间应设置机械加压送风设施，独立前室可不设机械加压送风设施，但合用前室应设机械加压送风设施。防烟楼梯间与合用前室的机械加压送风系统应分别独立设置。剪刀式楼梯的两个楼梯间、独立前室、合用前室的机械加压送风系统应分别独立设置。

带裙房的高层建筑的防烟楼梯间及其前室、消防电梯前室或合用前室，当裙房高度以上部分利用可开启外窗进行自然通风、裙房等高范围内不具备自然通风条件时，该高层建筑不具备自然通风条件的前室、消防电梯前室或合用前室应设置机械加压送风系统，其送风口也应设置在前室的顶部或正对前室入口的墙面上。

当地下室、半地下室楼梯间与地上部分楼梯间均需设置机械加压送风系统时，宜分别独立设置。当受建筑条件限制且地下部分为汽车库或设备用房时，可与地上部分的楼梯间共用机械加压送风系统，但应分别计算地上、地下的加压送风量，相加后作为共用加压送风系统风量，且应采取有效措施以满足地上、地下的送风量的要求。这是因为当地下、半地下与地上的楼梯间在一个位置布置时，由于首层必须采取防火分隔措施，因此实际上就是两个楼梯间。当这两个楼梯间合用加压送风系统时，应分别计算地下、地上楼梯间的加压送风量，合用加压送风系统风量应为地下、地上楼梯间加压送风量之和。通常地下楼梯间层数少，因此在计算地下楼梯间加压送风量时，开启门的数量取1。为满足地下、地上楼梯间的加压送风量的要求且不造成超压，在设计时必须采取在送风系统中设置余压阀等相应的有效措施。

当地上部分楼梯间利用可开启外窗进行自然通风时，地下部分不能采用自然通风方式的防烟楼梯间应采用机械加压送风系统。当地下室层数为3层及以上，或室内地面与室外出入口地坪高差大于10m时，按规定应设置防烟楼梯间，并设有机械加压送风系统，当其前室为独立前室时，前室可不设置防烟系统，否则前室也应按要求采取机械加压送风方式的防烟措施。

自然通风条件不能满足每5层内的可开启外窗或开口的有效面积不小于2.00m^2，且在该楼梯间的最高部位设置有效面积不小于1.00m^2的可开启外窗或开口的封闭楼梯间和防烟楼梯间，应设置机械加压送风系统；当封闭楼梯间位于地下且不与地上楼梯间共用而地下仅为一层时，可不设置机械加压送风系统，但应在首层设置有效面积不小于1.20m^2的可开启外窗或直通室外的门。

避难层应设置直接对外的可开启外窗或独立的机械防烟设施，外窗应采用乙级防火窗或耐火极限不低于1.00h的C类防火窗。设置机械加压送风系统的避难层（间），应在外墙设置固定窗，且有效面积不应小于该层（间）面积的1%，每个窗的有效面积不应小于2.00m^2。除长度小于60m两端直通室外或长度小于30m一端直通室外，可仅在避难走道前室设置机械加压送风系统的避难走道外，避难走道及其前室应设置机械加压送风系统。

建筑高度大于100m的高层建筑，其送风系统应竖向分段设计，且每段高度不应超过100m。

建筑高度小于或等于50m的建筑，当楼梯间设置加压送风井（管）道确有困难时，楼梯间可采用直灌式加压送风系统，并符合下列规定。

（1）建筑高度大于32m的高层建筑，应采用楼梯间多点部位送风的方式，送风口之间距离不宜小于建筑高度的1/2。

（2）直灌式加压送风系统的送风量应按计算值增加20%取值。

（3）加压送风口不宜设在影响人员疏散的位置。

人防工程的下列位置应设置机械加压送风防烟设施：防烟楼梯间及其前室或合用前室、避难走道的前室。

建筑高度大于32m的高层汽车库、室内地面与室外出入口地坪的高差大于10m的地下汽车库，应设置防烟楼梯间。

4. 机械加压送风的组件与设置要求

（1）机械加压送风机。

机械加压送风机可采用轴流风机或中、低压离心风机，其安装位置应符合下列要求。

①送风机的进风口宜直通室外。

②送风机的进风口宜设在机械加压送风系统的下部，且应采取防止烟气侵袭的措施。

③送风机的进风口不应与排烟风机的出风口设在同一层面。当必须设在同一层面时，送风机的进风口与排烟风机的出风口应分开布置。竖向布置时，送风机的进风口应设置在排烟风机出风口的下方，两者边缘最小垂直距离不应小于6.00m；水平布置时，两者边缘最小水平距离不应小于20.00m。

④送风机应设置在专用机房内。该房间应采用耐火极限不低于2.00h的隔墙和1.50h的楼板及甲级防火门与其他部位隔开。

⑤当在送风机出风管或进风管上安装单向风阀或电动风阀时，应采取发生火灾时阀门自动开启的措施。

（2）加压送风口。

加压送风口用作机械加压送风系统的风口，具有赶烟和防烟的作用。加压送风口分常开和常闭两种形式。

①除直灌式送风方式外，楼梯间宜每隔2～3层设一个常开式百叶送风口；井道的剪刀式楼梯的两个楼梯间应分别每隔一层设置一个常开式百叶送风口。

②前室应每层设一个常闭式加压送风口，并应设手动开启装置。

③送风口的风速不宜大于7m/s。

④送风口不宜设置在被门挡住的位置。

需要注意的是，采用机械加压送风系统的场所不应设置百叶窗，不宜设置可开启外窗。

（3）送风管道。

①送风井（管）道应采用不燃烧材料制作，不应采用土建井道。

②送风管道应独立设置在管道井内。

③管道井应采用耐火极限不小于1.00h的隔墙与相邻部位分隔，当墙上必须设置检修门时，应采用乙级防火门。

④送风管道应独立设置在管道井内，确有困难未设置在管道井内的加压送风管，其耐火极限不应小于1.00h。

（4）余压阀。

余压阀是控制压力差的阀门。为了保证防烟楼梯间及其前室、消防电梯间前室和合用前室的正压值，防止正压值过大而导致疏散门难以推开，应在防烟楼梯间与前室、前室与走道之间设置余压阀，控制余压阀两侧正压间的压力差不超过50Pa。

二、排烟系统

（一）排烟设施的设置场所或部位

工业建筑与民用建筑排烟设施的设置场所。

1. 工业建筑

厂房或仓库的下列场所或部位应设置排烟设施。

（1）人员或可燃物较多的丙类生产场所，丙类厂房内建筑面积大于300m²且经常有人停留或可燃物较多的地上房间。

（2）占地面积大于1000m²的丙类仓库。

（3）建筑面积大于5000m²的丁类生产车间。

（4）高度大于32m的高层厂房（仓库）内长度大于20m的疏散走道，其他厂房（仓库）内长度大于40m的疏散走道。

2. 民用建筑

民用建筑的下列场所或部位应设置排烟设施。

（1）设置在一、二、三层且房间建筑面积大于100m²的歌舞娱乐放映游艺场所，设置在四层及以上楼层、地下或半地下室的歌舞娱乐放映游艺场所。

（2）中庭。

（3）公共建筑内建筑面积大于100m²且经常有人停留的地上房间，公共建筑内建筑面积大于300m²且可燃物较多的地上房间。

（4）建筑内长度大于20m的疏散走道。

（二）自然排烟

1. 自然排烟的原理

自然排烟是充分利用建筑物的构造，在自然力的作用下，即利用火灾产生的热烟气流的浮力和外部风力作用，通过建筑物房间或走廊的开口把烟气排至室外的一种排烟方式。这种排烟方式的实质是通过室内外空气对流进行排烟。在自然排烟中，必须有冷空气的进口和热烟气的排出口。一般采用可开启外窗以及专门设置的排烟口进行自然排烟，这种排烟方式经济、简单、易操作，并具有不需使用动力及专用设备等优点。自然排烟是简单、不消耗动力的排烟方式，系统无复杂的控制方法及控制过程，因此对于满足自然排烟条件的建筑，首先应考虑采取自然排烟方式。

2. 自然排烟方式的选择

高层建筑受自然条件（如室外风速、风压、风向等）的影响较大，许多场所无法满足自然排烟条件，故多采用机械排烟方式。多层建筑受外部条件影响较小，多采用自然排烟方式。工业建筑中，因生产工艺的需要，出现了许多无窗或设置固定窗的厂房和仓库，丙类及以上的厂房和仓库内可燃物荷载大，一旦发生火灾，烟气很难排放。设置排烟系统既可为人员疏散提供安全环境，又可在排烟过程中导出热量，防止建筑或部分构件在高温下出现倒塌等恶劣情况，为消防队员进行灭火救援提供了较好的条件。考虑到厂房、库房建筑的外观要求没有民用建筑的要求高，因此可以采用可熔材料制作的采光带和采光窗进行排烟。为保证可熔材料在平时环境中不会熔化和熔化后不会产生流淌火引燃下部可燃物，要求制作采光带和采光窗的可熔材料必须是只在高温条件下（一般大于最高环境温度50℃）自行熔化且不产生熔滴的可燃材料，其熔化温度应为120℃～150℃。设有中庭的建筑，中庭应设置自然排烟系统，且应符合要求。四类隧道及仅限行人或非机动车辆通行的三类隧道，因长度较短、发生火灾的概率较低或火灾危险性较小，可不设置排烟设施。当隧道较短或隧道沿途顶部可开设通风口时，可以采用自然排烟方式。敞开式汽车库以及建筑面积小于1000m^2的地下一层汽车库和修车库，其汽车进出口可直接排烟，且不大于一个防烟分区，可以不设排烟系统，但汽车库和修车库内最不利点至汽车坡道口不应大于30m。

3. 自然排烟设施的设置

（1）排烟窗的设置。

①当设置在外墙上时，排烟窗应设置在储烟仓以内或室内净高度1/2以上，并应沿火灾烟气流方向开启；排烟口位置越高，排烟效果越好，故排烟口通常设置在墙壁的上部靠近顶棚处或顶棚上。

房间高度小于3.0m，排烟口下缘离顶棚面80cm以内；房间高度在3.0m～4.0m，排烟口下缘离地面2.10m以上；房间高度大于4.0m，排烟口下缘在房间高度一半以上。

②宜分散均匀布置，每组排烟窗的长度不宜大于3.00m。

③设置在防火墙两侧的排烟窗之间水平距离不应小于2.00m。

④自动排烟窗附近应同时设置便于操作的手动开启装置，手动开启装置距地面高度宜为1.30m～1.50m（0.8m～1.5m）。

⑤走道设有机械排烟系统的建筑物，当房间面积不大于300m^{2}时，除排烟窗的设置高度及开启方向可不限外，其余仍按上述要求执行。

⑥室内或走道的任一点至防烟分区内最近的排烟窗的水平距离不应大于30m，当室内高度超过6.00m，且具有自然对流条件时，其水平距离可增加25%。

⑦自然排烟系统是利用火灾烟气的热浮力作为排烟动力，其排烟口的排放率在很大程度上取决于烟气的厚度和温度。自然排烟系统的优点是简单易行。

（2）可开启外窗的形式。

顶开窗（顶杆方式打开）、侧开窗（如上悬窗，不可用于排烟）、中悬窗、下悬窗、平开窗和侧拉窗等，在设计时，必须将这些作为排烟设施使用的窗设置在储烟仓内。

（三）机械排烟

1. 机械排烟系统的工作原理

当建筑物内发生火灾时，应采用机械排烟系统将房间、走道等空间的烟气排至建筑物外。当采用机械排烟系统时，通常由火场人员手动控制或由感烟探测器将火灾信号传递给防烟排烟控制器，开启活动的挡烟垂壁将烟气控制在发生火灾的防烟分区内，并打开排烟口以及和排烟口联动的排烟防火阀，同时关闭空调系统和送风管道内的防火调节阀，防止烟气从空调和通风系统蔓延到其他非着火房间，最后由设置在屋顶的排烟机将烟气通过排烟管道排至室外。

目前常见的机械排烟系统有机械排烟与自然补风组合、机械排烟与机械补风组合、机械排烟与排风组合、机械排烟与通风空调系统组合等形式。一般要求如下。

（1）排烟系统与通风、空调系统宜分开设置。当合用时，应符合下列条件：系统的风口、风道、风机等应满足排烟系统的要求；当火灾被确认后，应能开启排烟区域的排烟口和排烟风机，并在15s内自动关闭与排烟无关的通风、空调系统。

（2）走道的机械排烟系统宜竖向设置，房间的机械排烟系统宜按防烟分区设置。

（3）排烟风机的全压应按排烟系统最不利环路管道进行计算，其排烟量应增加漏风系数。

（4）人防工程机械排烟系统宜单独设置或与工程排风系统合并设置。当合并设置时，必须采取在火灾发生时能将排风系统自动转换为排烟系统的措施。

（5）车库机械排烟系统可与人防、卫生等排气、通风系统合用。

2. 机械排烟系统的选择

建筑内应设排烟设施，但不具备自然排烟条件的房间、走道及中庭等，均应采用机械排烟方式。高层建筑受自然条件（如室外风速、风压、风向等）的影响较大，多采用机械排烟方式。

人防工程以下位置应设置机械排烟设施。

（1）建筑面积大于50m²，且经常有人停留或可燃物较多的房间。

（2）丙、丁类生产车间。

（3）总长度大于20m的疏散走道。

（4）电影放映间和舞台等。

除敞开式汽车库、建筑面积小于1000m²的地下一层汽车库和修车库外，汽车库和修车库应设置排烟系统（可选择机械排烟系统），并应划分防烟分区。

机械排烟系统在各层横向布置时，应按每个防火分区设置独立系统。独立系统要求排烟风机、排烟风口、排烟风管均独立设置。

机械排烟系统竖向设置要求：建筑高度超过50m的公共建筑，系统竖向应分段独立设置，且每段高度不应超过50m；建筑高度超过100m的住宅建筑，系统竖向应分段独立设置，且每段高度不应超过100m。

需要注意的是，在同一个防烟分区内不应同时采用自然排烟方式和机械排烟方式，因为这两种方式相互之间会造成气流干扰，影响排烟效果。尤其是在排烟时，自然排烟口还可能在机械排烟系统动作后变成进风口，使其失去排烟作用。

3. 机械排烟系统的组件与设置要求

（1）排烟风机。

排烟风机的设置要求，如表3-1所示。

表3-1 排烟风机的设置要求

类型	①离心式排烟风机（电机外置）：用于平时排风与火灾排烟共用的系统 ②高温排烟轴流式排烟风机：用于纯排烟系统，必须满足能在 280℃的环境条件下连续工作 30min 的要求 注：隧道排烟风机必须满足能在 250℃的环境条件下连续工作 1h 的要求
阀门	排烟风机入口处应设管内烟气温度达到 280℃时能自动关闭的排烟防火阀，该阀应与排烟风机连锁，阀关闭风机停转
位置	排烟风机宜设置在排烟系统的顶部，烟气出口宜朝上
机房要求	排烟风机应设在专用机房内，必须与其他风机合用时应符合下列要求：①机房内应设有自动喷水灭火系统；②机房内不得设有用于机械加压送风的风机与管道
连接件	排烟风机与排烟管道上不宜设有软接管。当设有时，该软接管的接头应能在 280℃的环境条件下连续工作不少于 30min

（2）排烟防火阀。

排烟防火阀的设置要求，如表3-2所示。

表3-2 排烟防火阀的设置要求

设置要求	①与垂直风道连接的水平风管应设置 280℃排烟防火阀 ②平时关闭，火灾时由电信号或手动开启，排烟风机同时启动 ③当管内烟气温度达到 280℃时自动关闭，排烟风机同时停机 ④手动开启装置距地面 1.3m～1.5m（0.8m～1.5m）

（3）排烟口。

排烟口的设置要求，如表3-3所示。

表3-3 排烟口的设置要求

设置要求	各排烟口的排烟量≤最大允许排烟量
	排烟口应设在储烟仓内。每个防烟分区应分别设置排烟口，排烟口应尽量设置在防烟分区的中心部位，距本防烟分区最远点的水平距离不应超过30m
	走道内排烟口应设在其净空高度1/2以上，当设在侧墙时，其边缘离吊顶不应超过0.5m
	火灾时，手动或电动开启，手动开启装置距地面1.3m～1.5m（0.8m～1.5m）
	①单独设置的排烟口，平时关闭，可自动或手动开启 ②排风口和排烟口合并设置时，应设能联动的自动阀门；火灾时，着火防烟分区内的阀门仍开启，其他防烟分区内阀门应全部关闭
	排烟口的设置宜使烟流方向与人员疏散方向相反，机械排烟系统排烟口与安全出口边缘之间水平距离≥1.5m
	排烟口的尺寸：保证烟气通过排烟口时速度不大于10m/s。排烟速度越快，排出气体中空气占比越大，因此排烟口的最小截面积一般不应小于0.04m^2
	同一防烟分区内所有排烟口能同时开启，排烟量＝各排烟口排烟量的总和

（4）排烟管道。

排烟管道的设置要求，如表3-4所示。

表3-4 排烟管道的设置要求

设置要求	排烟管道采用不燃材料制作，常用的排烟管道采用镀锌钢板加工制作，厚度应符合高压系统要求
	当吊顶内有可燃物时，吊顶内的排烟管道应采用不燃烧材料进行隔热，并应与可燃物保持不小于150mm的距离
	排烟管道井应采用耐火极限不小于1h的隔墙与相邻区域分隔，当墙上必须设置检修门时，应采用丙级防火门

续表

设置要求	排烟管道的耐火极限不应低于 0.5h 当水平穿越 2 个及 2 个以上防火分区或排烟管道在走道的吊顶内时，排烟管道的耐火极限不应低于 1.5h 排烟管道不应穿越前室或楼梯间，如果确有困难必须穿越时，其耐火极限不应低于 2h，且不得影响人员疏散（越安全要求越高）
	金属管道≤20m/s，非金属管道、土建风道≤15m/s，（排烟口≤10m/s，加压送风口≤7m/s）

（5）挡烟垂壁及防烟分区。

挡烟垂壁及防烟分区的设置要求，如表3-5所示。

表3-5 挡烟垂壁及防烟分区的设置要求

设置要求	①挡烟垂壁的作用。为阻止烟气沿水平方向流动而垂直向下吊装在顶棚上的挡烟构件，其有效高度不小于 500mm ②防烟分区。防烟分区是指在建筑内部采用挡烟设施分隔而成，能在一定时间内防止火灾烟气向同一防火分区的其余部分蔓延的局部空间。防烟分区是在防火分区的基础上进行划分的，不能跨越防火分区。防烟分区的面积不能大于 500m²，当室内高度超过 6m 时，可不划分防烟分区。防烟分区应采用挡烟垂壁、隔墙、结构梁等进行划分 测量最大防烟分区的面积，测量值的允许正偏差不得大于设计值的 5%
	当建筑物净空较高时采用固定式挡烟垂壁，建筑物净空较低时宜采用活动式挡烟垂壁
	应采用不燃烧材料制作，如钢板、防火玻璃、无机纤维织物、不燃无机复合板
	活动式挡烟垂壁的控制方式：感烟探测器控制，与排烟口联动，消防控制中心控制，就地手动控制
	活动式挡烟垂壁落下时，其下端距地面的高度应大于 1.8m

（四）补风设施

1. 补风原理

根据空气流动的原理，在排出某一区域空气的同时，需要有另一部分空气补充。当排烟系统排烟时，补风的主要目的是形成理想的气流组织，迅速排除烟气，有利于人员的安全疏散和消防救援。

2. 补风系统的选择

对于建筑地上部分的机械排烟的走道、小于500m^2的房间，由于这些场所的面积较小，排烟量也较小，因此可以利用建筑的各种门窗和缝隙，满足排烟系统所需的补风。为了简化系统管理和减少工程投入，可以不专门为这些场所设置补风系统。除这些场所以外的排烟系统均应设置补风系统。

3. 补风的方式

补风系统应直接从室外引入空气，可采用疏散外门、手动或自动可开启外窗等自然进风方式以及机械送风方式。

4. 补风的主要设计参数

补风的主要设计参数，如表3-6所示。

表3-6　补风的主要设计参数

补风量	①补风系统应直接从室外引入空气，补风量不应小于排烟量的 50% ②汽车库内无直接通向室外的汽车疏散出口的防火分区，当设置机械排烟系统时，应同时设置进风系统，且送风量不宜小于排烟量的 50% ③在人防工程中，当补风通路的空气阻力不大于 50Pa 时，可自然补风；当补风通路的空气阻力大于 50Pa 时，应设置火灾时可转换成补风系统的机械送风系统或单独的机械补风系统，补风量不应小于排烟量的 50%

续表

补风风速	机械补风口的风速不宜大于10m/s，人员密集场所补风口的风速不宜大于5m/s；自然补风口的风速不宜大于3m/s

5. 补风系统组件与设置

补风系统组件与设置，如表3-7所示。

表3-7 补风系统组件与设置

补风口	①补风口与排烟口设置在相邻防烟分区时，补风口位置不限；当补风口与排烟口设置在同一防烟分区时，补风口应设置在储烟仓下沿以下 ②补风口与排烟口水平距离不应少于5m
补风机	设置要求同机械加压送风机。排烟区域所需的补风系统应与排烟系统联动开闭

第三节　防烟排烟系统的安装

防烟排烟系统的安装按照经批准的施工图、设计说明书等设计文件进行，主要内容包括风管、部件和风机等主要设备的安装检测与调试等。

一、防烟排烟系统的安装与检测

（一）风管的安装与检测

1. 金属风管的制作和连接

板材应采用咬口连接或铆接方式，除镀锌钢板及含有复合保护层的钢板外，板厚大于 1.5mm 的可采用焊接方式。

风管应以板材连接的密封为主，可辅以密封胶嵌缝或其他方法密封，密封面宜设在风管的正压侧。

排烟风管的隔热层应采用厚度不小于 40mm 的不燃绝热材料，绝热材料的施工及风管加固、导流片的设置应按照《通风与空调工程施工质量验收规范》（GB 50243—2016）的有关规定执行。

检查数量：各系统按不小于 30%检查。

检查方法：尺量检查、直观检查。

2. 非金属风管的制作和连接

非金属风管的材料品种、规格、性能与厚度等应符合设计要求和现行国家产品标准的规定。

采用套管连接时，套管厚度不小于风管板材的厚度。

无机玻璃钢风管的玻璃布，必须无碱或中碱，层数应符合《通风与空调工程施工质量验收规范》（GB 50243—2016）的有关规定，风管的表面不得出现泛卤或严重泛霜。

检查数量：各系统按不小于 30%检查。

检查方法：尺量检查、直观检查。

3. 风管的安装

风管的规格、安装位置、标高、走向应符合设计要求，现场风管的安装不得缩小接口的有效截面。

风管接口的连接应严密、牢固，垫片厚度不应小于 3mm，不应凸入管内和法兰外；排烟风管法兰垫片应为不燃材料，薄钢板法兰风管应采用螺栓连接。

风管与风机的连接宜采用法兰连接，或采用不燃材料制作的柔性短管连接。若风机仅用于防烟、排烟时，不宜采用柔性连接。

当风管穿越隔墙或楼板时，风管与隔墙之间的空隙，应采用水泥砂浆等不燃材料严密填塞。

吊顶内的排烟管道应采用不燃材料隔热，并应与可燃物保持不小于 150mm 的距离。

风管支架、吊架的安装应按《通风与空调工程施工质量验收规范》（GB 50243—2016）的有关规定执行。

检查数量：各系统按不小于 30%检查。

检查方法：核对材料，尺量检查、直观检查。

4. 风管（道）系统严密性检验

风管（道）系统安装完毕后，应按系统类别进行严密性检验。检验应以主、干管道为主，漏风量应符合相关规范的规定。

检查数量：按系统不小于30%检查，且不应少于1个系统。

检查方法：系统的严密性检验测试应按照《通风与空调工程施工质量验收规范》（GB 50243—2016）的有关规定执行。

（二）部件的安装与检测

1. 排烟防火阀

型号、规格及安装的方向、位置应符合设计要求。

阀门应顺气流方向关闭，防火分区隔墙两侧的排烟防火阀，距墙端面不应大于200mm。

手动和电动装置应灵活、可靠，阀门关闭严密。

应设独立的支吊架，当风管采用不燃材料防火隔热时，阀门安装处应有明显标识。

检查数量：各系统按不小于30%检查。

检查方法：尺量检查、直观检查及动作检查。

2. 送风口、排烟阀（口）

安装位置应符合设计要求，并应固定牢靠，表面平整、不变形，调节灵活。

排烟口距可燃物或可燃构件的距离不应小于1.5m。

检查数量：各系统按不小于30%检查。

检查方法：尺量检查、直观检查。

3. 常闭送风口、排烟阀（口）

手动驱动装置应固定安装在明显可见、距楼地面1.3m～1.5m之间，且便于操作的位置，预埋套管不得有死弯及瘪陷，手动驱动装置操作应灵活。

检查数量：各系统按不小于30%检查。

检查方法：尺量检查、直观检查及操作检查。

4. 挡烟垂壁

型号、规格、下垂的长度和安装位置应符合设计要求。

活动式挡烟垂壁与建筑结构（柱或墙）面的缝隙不应大于 60mm，由两块或两块以上的挡烟垂帘组成的连续性挡烟垂壁，各块之间不应有缝隙，搭接宽度不应小于 100mm。

活动式挡烟垂壁的手动操作按钮应固定安装在距楼地面 1.3m～1.5m 便于操作的明显可见处。

检查数量：全数检查。

检查方法：依据设计图核对，尺量检查、动作检查。

5. 排烟窗

型号、规格和安装位置应符合设计要求。

安装应牢固、可靠，符合有关门窗施工验收规范要求，应开启、关闭灵活。

手动开启机构或按钮应固定安装在距楼地面 1.3m～1.5m 处，便于操作，明显可见。

自动排烟窗驱动装置的安装应符合设计和产品技术文件的要求，应灵活、可靠。

检查数量：全数检查。

检查方法：依据设计图核对，操作检查、动作检查。

（三）风机的安装与检测

风机的型号、规格应符合设计规定，其出口方向正确。

送风机的进风口不应与排烟风机的出风口设在同一面上。当确有困难时，送风机的进风口与排烟风机的出风口应分开布置，且竖向布置时，送风机的进风口应设置在排烟出口的下方，两者边缘最小垂直距离不应小于 6.0m；水平布置时，两者边缘最小水平距离不应小于 20.0m。

风机外壳至墙壁或其他设备的距离不应小于 600mm。

风机应设置在混凝土或钢架基础上，且不应设置减振装置；排烟系统与通风空调系统共用需要设置减振装置时，不应使用橡胶减振装置。

吊装风机的支吊架应焊接牢固、安装可靠，其结构形式和外形尺寸应符合设计或设备技术文件的要求。

风机驱动装置的外露部位必须装设防护罩；直通大气的进、出风口必须装设防护网或采取其他安全设施，并应设防雨措施。

检查数量：全数检查。

检查方法：依据设计图核对，直观检查。

二、防烟排烟系统的调试

防烟排烟系统调试在系统施工完成及与工程有关的火灾自动报警系统及联动控制设备调试合格后进行。系统调试由施工单位负责、监理单位监督，设计单位与建设单位参与和配合，也可以委托给具有调试能力的其他单位进行。系统调试前，施工单位应编制调试方案，报送专业监理工程师审核批准；调试结束后，必须提供完整的调试资料和报告。

防烟排烟系统调试包括单机调试和联动调试。

（一）单机调试

1. 排烟防火阀的调试

进行手动关闭、复位试验，阀门动作应灵敏、可靠，关闭应严密。

模拟火灾，相应区域火灾报警后，同一防火分区内排烟管道上的其他阀门应联动关闭。

阀门关闭后的状态信号应能反馈到消防控制室。

阀门关闭后应能联动相应的风机停止。

调试数量：全数调试。

2. 常闭送风口、排烟阀（口）的调试

进行手动开启、复位试验，阀门动作应灵敏、可靠，远距离控制机构的脱扣钢丝连接应不松弛、不脱落。

模拟火灾，相应区域火灾报警后，同一防火分区送风口和同一防烟分区排烟阀（口）应联动开启。

阀门开启后的状态信号应能反馈到消防控制室。

阀门开启后应能联动相应的风机启动。

调试数量：全数调试。

3. 活动挡烟垂壁的调试

手动操作挡烟垂壁按钮进行开启、复位试验，挡烟垂壁动作应灵敏、可靠，启动并到位后停止，下降高度应符合设计要求。

模拟火灾，相应区域火灾报警后，同一防烟分区内挡烟垂壁应在60s内联动下降到设计高度。

挡烟垂壁下降到设计高度后应能将状态信号反馈到消防控制室。

调试数量：全数调试。

4. 自动排烟窗的调试

手动操作排烟窗按钮进行开启、关闭试验，排烟窗动作应灵敏、可靠，完全开启时间应符合设计要求。

模拟火灾，相应区域火灾报警后，同一防烟分区内排烟窗应能联动开启；完全开启时间应符合规范要求。

与消防控制室联动的排烟窗完全开启后，状态信号应能反馈到消防控制室。

调试数量：全数调试。

5. 送风机、排烟风机的调试

手动开启风机，风机应正常运转 2.0h，叶轮旋转方向应正确，运转平稳，无异常振动与声响。

核对风机的铭牌值，并测定风机的风量、风压、电流和电压，其结果应与设计要求相符。

能在消防控制室手动控制风机的启动、停止；风机的启动、停止状态信号应能反馈到消防控制室。

当风机进出管上安装单向风阀或者电动风阀时，风阀的启动与关闭应同风机的启动、停止同步。

调试数量：全数调试。

6. 机械加压送风系统风速及余压的调试

应选取送风系统末端所对应的送风最不利的三个连续楼层模拟起火层及其上下层，封闭避难层（间）仅需选取本层，调试送风系统使上述楼层的楼梯间、前室及封闭避难层（间）的风压值及疏散门的门洞断面风速值与设计值的偏差不大于 10%。

对楼梯间和前室的调试应单独分别进行，且互不影响。

调试楼梯间和前室疏散门的门洞断面风速时，应同时开启三个楼层的疏散门。

调试数量：全数调试。

7. 机械排烟系统风速和风量的调试

应根据设计模式，开启排烟风机和相应的排烟阀或排烟口，调试排烟系统使排烟阀或排烟口处的风速值及排烟量值达到设计要求。

开启排烟系统的同时，还应开启补风机和相应的补风口，调试补风系统使补风口处的风速值及补风量值达到设计要求。

应测试每个风口的风速，核算每个风口的风量和防烟分区总风量。

调试数量：全数调试。

（二）联动调试

1. 机械加压送风系统的联动调试

当任何一个常闭送风口开启时，相应的送风机均能同时启动。

与火灾自动报警系统联动调试。当火灾自动报警探测器发出火警信号后，应在 15s 内启动有关部位的送风口、送风机，启动的送风口、送风机应与设计要求一致，其状态信号应能反馈到消防控制室。

调试数量：全数调试。

2. 机械排烟系统的联动调试

当任何一个常闭排烟阀（口）开启时，排烟风机均能联动启动。

与火灾自动报警系统联动调试。当火灾自动报警探测器发出火警信号后，机械排烟系统应启动有关部位的排烟阀或排烟口、排烟风机；启动的排烟阀或排烟口、排烟风机应与设计和规范要求一致，其状态信号应能反馈到消防控制室。

有补风要求的机械排烟场所，当火灾确认后，补风系统应启动。

排烟系统与通风、空调系统合用，当火灾自动报警探测器发出火警信号后，由通风、空调系统转换为排烟系统的时间应符合规范要求。

调试数量：全数调试。

3. 自动排烟窗的联动调试

在火灾自动报警探测器发出火警信号后联动开启到符合要求的位置，其动作状态信号应能反馈到消防控制室。

调试数量：全数调试。

4. 活动挡烟垂壁的联动调试

在火灾报警后联动下降到设计高度，其动作状态信号应能反馈到消防控制室。

调试数量：全数调试。

04

第四章

消防电源与火灾应急照明

第一节　消防系统供电

一、消防用电

消防用电设备依靠城市电网供给电能。一旦发生火灾，就会直接影响城市电网电能输送的可靠性和安全性，也就会直接影响消防用电设备在火灾条件下工作的可靠性和安全性。因此，在建筑电气防火设计的过程中，首要考虑的就是消防用电在火灾条件下的电能连续供给的可靠性和安全性。这种供给的安全性包括电能的限流和限压，以保证消防用电设备在电气故障情况下不会引起火灾，也包括防止电气线路的漏电引发触电，危及应急逃生人员和抢险救援人员的生命安全。

消防电源是指在发生火灾时能保证消防用电设备继续正常运行的独立电源。消防电源的基本要求包括以下几个方面。

（一）可靠性

在火灾条件下，若消防电源停止供电，会使消防用电设备直接失去作用，贻误抢险救援的时机，给人民的生命财产造成严重的损失，因此必须确保消防电源及配电系统的可靠性。

（二）耐火性

在火灾条件下，许多消防用电设备是在火灾现场或附近工作，因此消防电源的配电系统应具有耐火、耐热及防爆性能，还可以采用耐火材料，在建筑整体防火条件不变的情况下，可以通过采用耐火电线电缆提高供电的能力和时间。

（三）有效性

消防用电设备在抢险救援过程中需要持续一定的工作时间，因此消防电源应能在火灾条件下保证持续供电时间，以确保消防用电设备的工作有效性。

（四）安全性

在火灾条件下消防电源和配电系统的工作环境极为恶劣，必须采取相应的保护措施，防止过电流、过电压导致消防用电设备故障起火，防止电气线路漏电引发触电事故。

（五）科学性和经济性

在保证可靠性、耐火性、有效性和安全性的前提下，要考虑系统设计的科学性，考虑电源的节能效果和电源质量，考虑施工和操作的方便快捷，考虑投资、运行和维护保养费用等。

二、消防备用电源

当建筑处于火灾条件下，为确保人员安全疏散和抢险救援工作的实施，许多消防用电设备仍需要坚持工作。为消防用电设备应急供电的独立电源就称为消防备用电源。

消防备用电源通常有三种：一是独立于工作电源的带电回路，二是柴油发电机，三是应急供电电源（EPS）。在特定防火对象的建筑物内，消防备用电源种类不是单一的，应采用几种电源的组合方案。一般根据建筑负荷等级、供电质量、应急负荷的数量与分布以及负荷特性等因素来决定方案的选择。消防用电设备在正常条件下由主电源供电，发生火灾时由消防备用电源供电。

当主电源不论何种原因被切断时，消防备用电源应能自动投入使用以保证消防用电的可靠性。这些备用电源的供电时间和容量，均要求满足各消防用电设备设计持续运行时间最长者的用电要求。

（一）柴油发电机组

柴油发电机组是将柴油机与发电机组合在一起的发电设备，其优点：机组运行不受城市电网运行状态的影响，是较理想的独立可靠电源；机组功率范围广，可从几千瓦到数十千瓦不等；机组操作简单，容易实现自动控制；机组工作效率高，对油质要求不高。其缺点是，工作噪声大，过载能力小，适应启动冲击负荷能力较差。图 4-1 为柴油发电机组。

图4-1 柴油发电机组

（二）应急供电电源

应急供电电源是指平时以市政电源给蓄电池充电，市电断电后利用蓄电池继续供电的备用电源装置。图 4-2 为应急供电电源。

图4-2　应急供电电源

三、消防用电设备的配电方式

正确选择建筑物内低压配电系统主接线方案，是民用建筑电气设计的重要环节，设计中应根据建筑物的高度、规模和性质来合理确定。通常建筑高度越高、体量越大，发生火灾时扑救的难度也越大，当建筑高度超过 100m 时，只能靠自救灭火。因此，保证消防用电设备的可靠供电非常重要。为了保证消防负荷供电不受非消防负荷的影响，低压配电系统主接线采用分组设计方案，这无疑将大幅提高配电系统的可靠性。要根据负荷性质及容量合理设置短路保护、过负荷保护、接地故障保护以及过、欠电压保护。

（一）消防负荷的电源设计

消防电源要在变压器的低压出线端设置单独的主断路器，不能与非消防负荷共用同一路进线断路器和同一低压母线段。消防电源应独立设置，即从建筑物变电所低压侧封闭母线处或进线柜处就将消防电源分出，各自成独立系统。如果建筑物为低压电缆进线，则从进线隔离电器下端将消防电源分开，从而确保消防电源相对建筑物而言是独立的，从而提高消防负荷供电的可靠性。

当建筑物双重电源中的备用电源为冷备用，且备用电源的投入时间不能满足消防负荷允许中断供电的时间时，要设置应急发电机组，机组的投入时间要满足消防负荷供电的要求。

（二）消防备用电源的设计

当消防电源由自备应急发电机组提供备用电源时，消防用电负荷为一级或二级的要设置自动和手动启动装置，并在 30s 内实现供电；当采用中压柴油发电机组时，确认火灾后要在 60s 内实现供电。

工作电源与应急电源之间要采用自动切换方式，同时按照负载容量由大到小的原则顺序启动。电动机类负载启动间隔宜为 10s～20s。

当采用柴油发电机组作为消防备用电源时，其电压等级要符合下列规定。

（1）供电半径不大于 400m 时，宜采用低压柴油发电机组。

（2）供电半径大于 400m 时，宜采用中压柴油发电机组。

（3）线路电压降应不大于供电电压的 5%。

备用消防电源的供电时间和容量，应能满足该建筑火灾延续时间内各消防用电设备的要求。

当采用消防设备应急电源（FEPS）作为备用电源时，电池初装容量应为使用容量的 3 倍；三相供电的 EPS 单机容量不宜大于 120kW，单相供电的 EPS 单机容量不宜大于 30kW，且应有单节电池保护和电能均衡装置。

（三）配电设计

消防水泵、喷淋水泵、水幕泵和消防电梯要由变配电站或主配电室直接出线，采用放射式供电；防烟排烟风机、防火卷帘以及疏散照明可采用放射式或树干式供电。消防水泵、防烟排烟风机及消防电梯的两路低压电源应能在设备机房内自动切换，其他消防设备的电源应能在每个防火分区配电间内自动切换；消防控制室的两路低压电源应能在消防控制室内自动切换。

消防水泵、防烟排烟风机和正压送风机等设备不能采用变频调速器作为控制装置。

电动机类的消防设备不能采用 EPS/UPS 作为备用电源。

主消防泵为电动机水泵，备用消防泵为柴油机水泵，主消防泵可采用一路电源供电。消防设备的配电箱和控制箱宜安装在配电室、消防设备机房、配电小间或电气竖井内；当必须在其他场所安装时，箱体要采取防火措施，并满足发生火灾时消防设备持续运行时间的要求。

消防负荷的配电线路所设置的保护电器要具有短路保护功能，但不宜设置过负荷保护装置，如设置只能用于报警而不能用于切断消防供电，因为消防水泵因轴封锈蚀而使消防水泵堵转，启动电流会很大而使电缆发热，温度在达到设定值时为保护电器动作而切断电源，这是不允许的。如果不设置过负荷保护而出现堵转，电缆温度上升 100℃或 200℃时，对于耐火 750℃或 950℃的电缆影响不是很大，在最大转矩的作用下，有可能克服电动机轴封阻力，使电动机转动起来。

消防负荷的配电线路不能设置剩余电流动作保护和过、欠电压保护，因为在火灾这种特殊情况下，不管消防线路和消防电源处于什么状态或出现什么故障，为消防设备供电都是最重要的。

消防设备的配电装置与非消防设备的配电装置宜分列安装；若必须并列安装，则分界处应设防火隔断。消防配电设备应设有明显标志，专用消防配电柜宜采用红色柜体。

四、供配电系统的设置

为确保消防作业人员和其他人员的人身安全以及消防用电设备运行的可靠性，消防用电设备的供配电系统应作为独立系统进行设置。当建筑物内设有变电所时，要在变电所处开始自成系统；当建筑物为低压进线时，要在进线处开始自成系统。

（一）配电装置检查

消防用电设备的配电装置，应设置在建筑物的电源进线处或配变电所处，应急电源配电装置要与主电源配电装置分开设置。由于地域所限无法分开设置而需要并列布置时，其分界处要设置防火隔断。

（二）启动装置检查

在普通民用建筑中，采用自备发电机组作为应急电源的现象十分普遍。当消防用电负荷为一级时，应设置自动启动装置，并在主电源断电后 30s 内供电；当消防用电负荷为二级且采用自动启动装置有困难时，可采用手动启动装置。

（三）自动切换功能检查

消防控制室、消防水泵房、防烟排烟风机房的消防用电设备及消防电梯等的供电设备，应在其配电线路的最末一级配电箱处设置自动切换装置。水泵控制柜、风机控制柜等消防电气控制装置不应采用变频启动方式。

除消防水泵、消防电梯、防烟排烟风机等消防用电设备外，各防火分区的其他消防用电设备均应由消防电源中的双电源或双回线路电源供电，并应满足下列要求。

（1）末端配电箱应安装于防火分区的配电小间或电气竖井内。

（2）由末端配电箱配出引至相应设备或其控制箱，宜采用放射式供电。

五、消防用电设备供电线路的敷设

消防用电设备的供电线路采用不同的电线电缆时，供电线路的敷设应满足相应的要求。

（1）采用矿物绝缘电缆时，可直接采用明敷设或在吊顶内敷设的方式。

（2）采用难燃性电缆或有机绝缘耐火电缆时，在电气竖井内或电缆沟内敷设可不穿导管保护，但应采取与非消防用电电缆隔离的措施。

（3）采用明敷设、吊顶内敷设或架空地板内敷设方式时，要穿金属导管或封闭式金属线槽保护，所穿金属导管或封闭式金属线槽要采用涂防火涂料等防火保护措施。

线路采用暗敷设方式时，要穿金属导管或难燃性刚性塑料导管保护，并要敷设在不燃烧结构内，保护层厚度不应小于30mm。

六、消防用电设备供电线路的防火封堵措施

当火灾发生时，消防电源要持续为消防设备供电，为防止火灾通过消防用电设备供电线路蔓延，应对消防用电设备供电线路采取防火封堵措施。

（一）防火封堵部位的检查

消防用电设备供电线路在电缆隧道、电缆桥架、电缆竖井、封闭式母线、线槽安装等处时，在下列情况下应采取防火封堵措施。

（1）穿越不同的防火分区。

（2）沿竖井垂直敷设穿越楼板处。

（3）管线进出竖井处。

（4）电缆隧道、电缆沟、电缆间的隔墙处。

（5）穿越建筑物的外墙处。

（6）至建筑物的入口处，至配电间、控制室的沟道入口处。

（7）电缆引至配电箱、柜或控制屏、台的开孔部位。

（二）防火封堵的检查

1. 电缆隧道

有人通过的电缆隧道，应在预留孔洞的上部采用膨胀型防火堵料进行加固；预留的孔洞过大时，应采用槽钢或角钢进行加固，将孔洞缩小后方可加装防火封堵系统；防火密封胶直接接触电缆时，封堵材料不得含有腐蚀电缆表皮的化学元素；无机堵料封堵应表面光洁，无粉化、硬化、开裂等缺陷；防火涂料表面应光洁，厚度应均匀。

2. 电缆竖井

电缆竖井应采用矿棉板加膨胀型防火堵料组合成的膨胀型防火封堵系统，防火封堵系统的耐火极限不应低于楼板的耐火极限；封堵处应采用角钢或槽钢托架进行加固，应能承载检修人员的荷载，角钢或槽钢托架应采用防火涂料进行处理；封堵垂直段竖井时，在封堵处上方应使用密度为 $160kg/m^3$ 以上的矿棉板，并在矿棉板上开好电缆孔，防火封堵系统与竖井之间应采用膨胀型防火密封胶封边，系统与电缆的其他空间之间应采用膨胀型防火密封胶封堵，密封胶厚度凸出防火封堵系统面不应小于 13mm，贯穿电缆横截面面积应小于贯穿孔洞面积的 40%。

3. 电气柜

电气柜孔应采用矿棉板加膨胀型防火堵料组合成的防火封堵系统，先根据需封堵孔洞的大小估算出密度为 160kg/m^3 以上的矿棉板的使用量，并根据电缆数量裁出适当大小的孔；孔洞底部应敷设厚度为 50mm 的矿棉板，孔隙口及电缆周围应填塞矿棉，并应采用膨胀型防火密封胶进行密实封堵。固定矿棉板、矿棉板与楼板之间应采用弹性防火密封胶封边，防火封堵系统与电缆之间应采用膨胀型防火密封胶封堵，密封胶厚度凸出防火封堵系统面不应小于 13mm。封堵完成后，在封堵层两侧电缆上涂刷防火涂料，长度为 300mm，干涂层厚度为 1mm。盘柜底部空隙处应填塞矿棉，并用防火密封胶严密封实，密封胶厚度凸出防火封堵系统面不应小于 13mm，面层应平整。

4. 无机堵料

无机堵料应用于电缆沟、电缆隧道由室外进入室内处，长距离电缆沟每隔 50m 处；电缆穿阻火墙应使用防火灰泥加膨胀型防火堵料组合的阻火墙。采用无机堵料（防火灰泥或耐火砖）堆砌，其厚度不应小于 200mm（根据产品的性能而定）；阻火墙内部的电缆周围必须采用不小于 13mm 的防火密封胶进行包裹，阻火墙底部必须留有两个排水孔洞，排水孔洞处可利用砖块砌筑；阻火墙两侧的电缆周围应采用防火密封胶进行密实分隔包裹，其两侧厚度应大于阻火墙表层 13mm，阻火墙外侧电缆用防火涂料涂刷，涂刷长度为 1m。

5. 电缆涂料

防火封堵系统两侧电缆应采用电缆涂料进行涂覆，电缆涂料的涂覆位置应在阻火墙两端和电力电缆接头两侧长度为 1～2m 的区段；使用燃烧性能等级为非A级电缆的隧道（沟），在封堵完成后，孔洞两侧电缆涂刷防火涂料的长度不应小于1m，干涂层厚度不应小于1mm。使用燃烧性能等级为非A级电缆的竖井，每层均应封堵。竖井穿楼板时应先在穿楼板处进行封堵，并应无缝隙。在常温条件下或火灾温度达到200℃时，烟雾渗透应小于28.3185L/min。施工前，应清除电缆表面的灰尘、油污。涂料应在搅拌均匀后涂刷，不宜太稠；水平敷设的电缆应沿电缆走向均匀涂刷；垂直敷设的电缆宜自上而下涂刷。涂刷的次数、厚度及间隔时间要符合产品的要求。

第二节　消防应急照明和疏散指示系统

消防应急照明和疏散指示系统是指在发生火灾时，为人员疏散、逃生、消防作业提供指示或照明的各类灯具，是建筑中不可或缺的重要消防设施。

正确地选择消防应急灯具的种类，合理地设计、安装及科学地使用消防应急灯具，对充分发挥消防系统的性能，保证消防应急照明和疏散指示标志在发生火灾时能有效地指导人员疏散和消防人员的消防作业，都有十分重要的作用和意义。

消防应急照明和疏散指示系统由消防应急照明灯具和消防应急标志灯具等构成，其主要功能是为火灾中人员的逃生和灭火救援行动提供照明及方向指示。

一、消防应急灯具分类

消防应急灯具是指为人员疏散、消防作业提供照明和标志的各类灯具，按用途可分为消防应急照明灯具、消防应急标志灯具、消防应急照明标志复合灯具等，按工作方式可分为持续型消防应急灯具和非持续型消防应急灯具，按应急供电方式可分为自带电源型消防应急灯具、集中电源型消防应急灯具与子母型消防应急灯具，按应急控制方式可分为非集中控制型消防应急灯具与集中控制型消防应急灯具，具体分类如图4-3所示。

图4-3 消防应急灯具分类

1. 消防应急照明灯具

消防应急照明灯具是指为人员疏散和消防作业提供照明的灯具，其中发光部分为便携式的消防应急照明灯具，也称为疏散用手电筒，如图4-4所示。

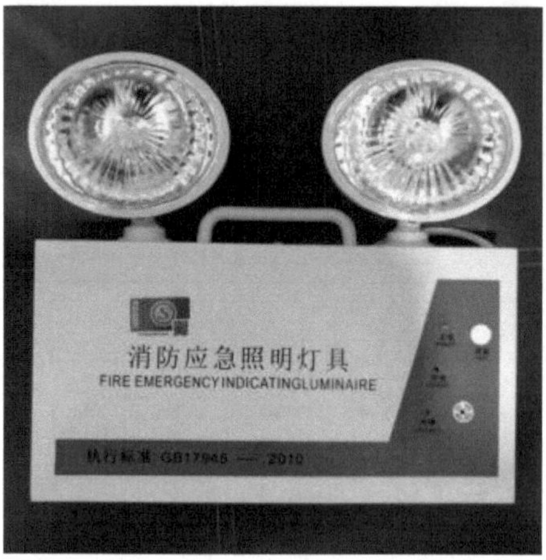

图4-4　消防应急照明灯具

2. 消防应急标志灯具

消防应急标志灯具是指用于指示疏散出口、疏散路径、消防设施位置等重要信息的灯具，一般用图形加以标示，有时会有辅助的文字信息，如图 4-5 所示。

图4-5　消防应急标志灯具

3. 消防应急照明标志复合灯具

消防应急照明标志复合灯具同时具备消防应急照明和疏散指示两种功能，如图 4-6 所示。

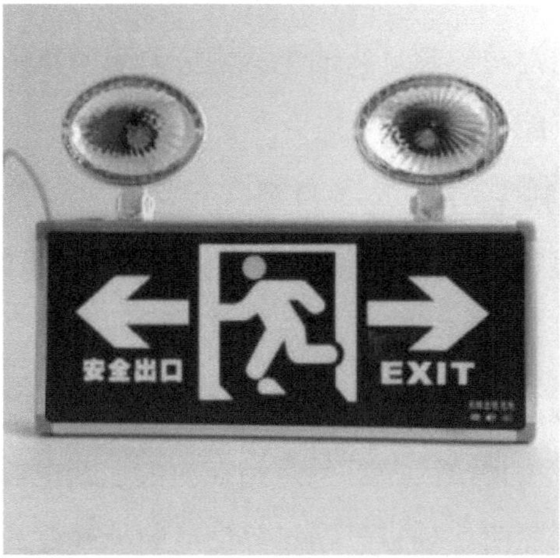

图4-6 消防应急照明标志复合灯具

4. 持续型消防应急灯具

持续型消防应急灯具是指光源在主电源或应急电源工作时均处于点亮状态的消防应急灯具。

5. 非持续型消防应急灯具

非持续型消防应急灯具的光源在主电源工作时不点亮，仅在应急电源工作时处于点亮状态。

6. 自带电源型消防应急灯具

自带电源型消防应急灯具的电池、光源及相关电路安装在灯具内部，一般分为两种：一种是电池、光源和相关电路为一体；另一种是电池和相关电路为一体，光源为分体。

7. 子母型消防应急灯具

子母型消防应急灯具由子灯具和母灯具组成，子灯具的电源和点亮方式均由母灯具控制。

8. 集中电源型消防应急灯具

集中电源型消防应急灯具的电源由应急照明集中电源提供，自身无独立的电池，不能独立工作。

9. 集中控制型消防应急灯具

集中控制型消防应急灯具是指工作状态由应急照明控制器控制的消防应急灯具。

10. 非集中控制型消防应急灯具

非集中控制型消防应急灯具是指在火灾、断电等紧急情况下，能够自动启动并提供照明、导引、指示等功能的一种灯具。

二、消防应急照明和疏散指示系统的分类与组成

消防应急照明和疏散指示系统按照灯具的应急供电方式和应急控制方式的不同，分为自带电源非集中控制型、自带电源集中控制型、集中电源非集中控制型、集中电源集中控制型四类系统。

（一）自带电源非集中控制型系统

自带电源非集中控制型系统由应急照明配电箱和消防应急灯具组成。消防应急灯具由应急照明配电箱供电。自带电源非集中控制型系统连接的消防应急灯具均为自带电源型，灯具内部自带蓄电池，工作方式为独立控制，无集中控制功能。系统组成如图 4-7 所示。

（二）自带电源集中控制型系统

自带电源集中控制型系统由应急照明控制器、应急照明配电箱和消防应急灯具组成。消防应急灯具由应急照明配电箱供电，消防应急灯具的工作状态受应急照明控制器控制和管理。自带电源集中控制型系统连

接的消防应急灯具均为自带电源型，灯具内部自带蓄电池，但是消防应急灯具的应急转换由应急照明控制器来控制。系统组成如图 4-8 所示。

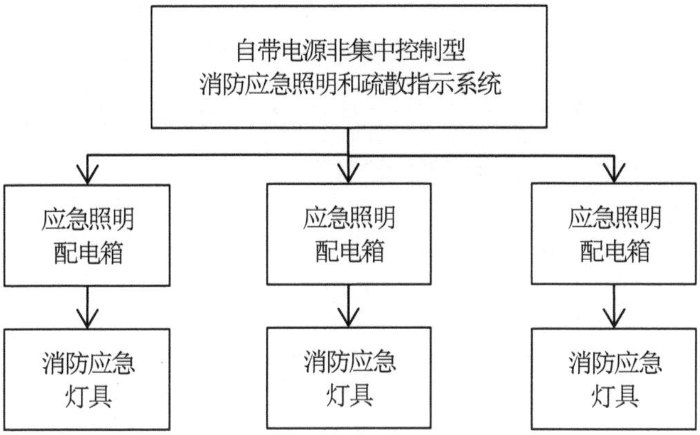

图4-7 自带电源非集中控制型系统组成

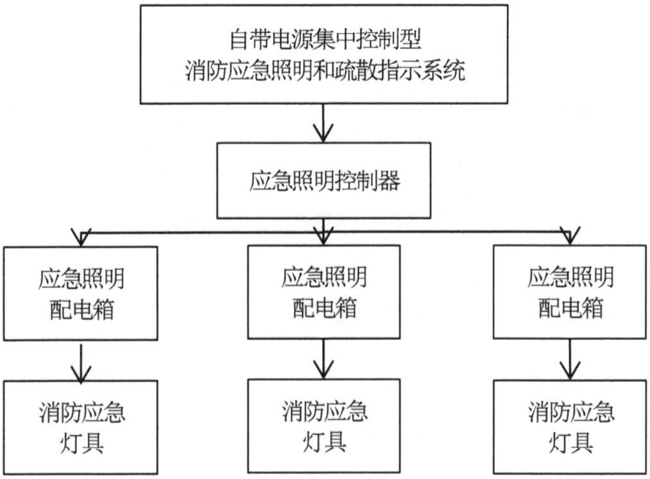

图4-8 自带电源集中控制型系统组成

（三）集中电源非集中控制型系统

集中电源非集中控制型系统由应急照明集中电源、应急照明分配电装置和消防应急灯具组成。应急照明集中电源通过应急照明分配电装置为消防应急灯具供电。集中电源非集中控制型系统连接的消防应急灯具自身不带电源，工作电源由应急照明集中电源提供，工作方式为独立控制，没有集中控制功能。系统组成如图 4-9 所示。

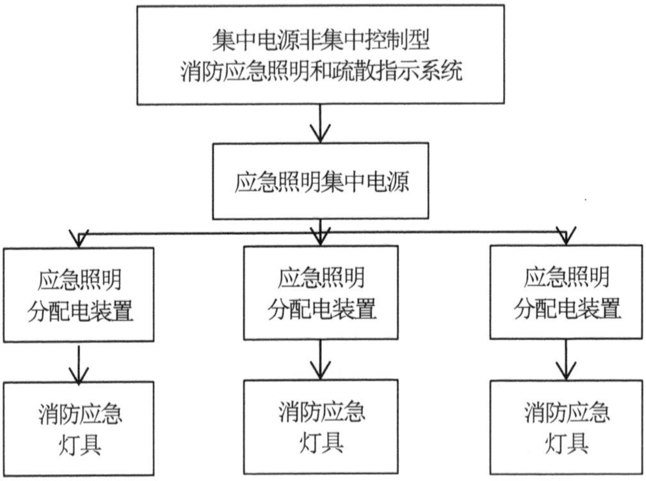

图4-9　集中电源非集中控制型系统组成

（四）集中电源集中控制型系统

集中电源集中控制型系统由应急照明控制器、应急照明集中电源、应急照明分配电装置和消防应急灯具组成。应急照明集中电源通过应急照明分配电装置为消防应急灯具供电，应急照明集中电源和消防应急灯具的工作状态受应急照明控制器控制。集中电源集中控制型系统连接的消防应急灯具的电源由应急照明集中电源提供，控制方式由应急照明控制器集中控制。系统组成如图 4-10 所示。

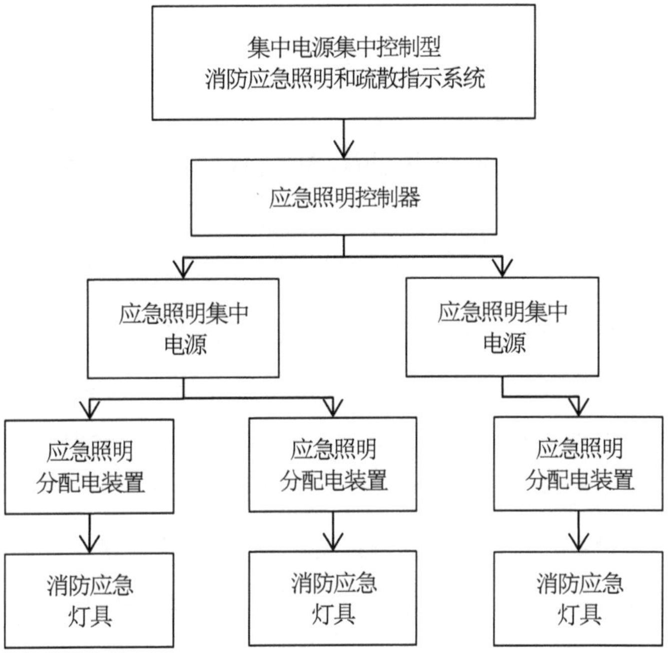

图4-10 集中电源集中控制型系统组成

第三节　消防应急照明和疏散指示系统的安装

消防应急照明和疏散指示系统要按照《建筑电气工程施工质量验收规范》（GB 50303—2015）的要求进行布线，并按照下列要求进行安装。

消防应急照明和疏散指示系统施工安装前，应首先检查产品的外包装是否破损，外观及结构是否存在问题，并严格按照施工过程质量控制要求，对系统设备、材料及配件进行现场检查（检验）和选型符合性检查，不合格的设备、材料、配件及不符合设计图样要求的产品不得使用。

一、系统安装的一般要求

消防应急照明和疏散指示系统安装的一般要求如下。

（1）消防应急灯具与供电线路之间不能使用插头连接。

（2）消防应急灯具安装后不能对人员正常通行产生影响，消防应急标志灯具周围要保证无遮挡物。

（3）带有疏散方向指示箭头的消防应急标志灯具在安装时应保证箭头指示的疏散方向与实际疏散方向相同。

（4）指示出口的消防应急标志灯具应固定在坚固的墙上或顶棚下，可以明装，也可以嵌墙安装。

（5）消防应急灯具在安装时应保证灯具上的各种状态指示灯易于观察，试验按钮（开关）能被手动或遥控操作。

（6）消防应急照明灯具安装时，在正面迎向人员疏散方向应有防止造成眩光的措施。

（7）消防应急灯具吊装时宜使用金属吊管，吊管上端应固定在建筑物实体或构件上。

（8）作为辅助指示的蓄光型标志牌只能安装在与标志灯具指示方向相同的路线上，但不能代替标志灯具。

（9）消防应急灯具宜安装在不燃烧墙体和不燃烧装修材料上。

二、系统主要组件的安装

（一）消防应急标志灯具的安装

在顶部安装时，尽量不要吸顶安装，灯具上边与顶棚距离宜大于200mm；吊装时，应采用金属吊杆或吊链，吊杆或吊链上端应固定在建筑结构件上。

低位安装在疏散走道及其转角处时，应安装在距地面（楼面）1m以下的墙上，标志表面应与墙面平行，凸出墙面的部分不应有尖锐角及伸出的固定件；灯光疏散指示标志的间距不应大于20m；对于袋形走道，消防应急标志灯具的间距不应大于10m；在走道转角区，消防应急标志灯具的间距不应大于1m。

安装在地面上时，灯具的所有金属构件均应采用耐腐蚀构件或做防腐处理，电源连接和控制线连接应采用密封胶密封，标志灯具表面应与地面平行，与地面高度差不宜大于3mm，与地面接触边缘不宜大于1mm。

在人员密集的大型室内公共场所的疏散走道和主要疏散线路上，安装保持视觉连续的消防应急标志灯具时，箭头指示方向或导向光流流动方向应与实际疏散方向一致。

（二）消防应急照明灯具的安装

消防应急照明灯具应均匀布置，最好安装在棚顶或距楼地面 2m 以上的侧面墙上。

在侧面墙上顶部安装时，其底部与地面的距离不得低于 2m；在距地面 1m 以下侧面墙上安装时，应采用嵌入式安装，其凸出墙面最大水平距离不应超过 20mm，且应保证光线照射在安装灯具的水平线以下；不得安装在地面或距地面 1m～2m 之间的侧面墙上。

吊装时，要采用金属吊杆或吊链，吊杆或吊链上端应固定在建筑结构件上。

（三）应急照明配电箱和分配电装置的安装

应急照明配电箱和分配电装置落地安装时宜高出地面 50mm 以上，屏前和屏后的通道最小宽度符合《低压配电设计规范》（GB 50054—2011）的相关规定。

应急照明配电箱和分配电装置安装在墙上时，其底边距地面的高度宜为 1.3m～1.5m，靠近门轴的侧面距墙不应小于 0.5m，正面操作距离不应小于 1.0m。

（四）应急照明集中电源的安装

安装场所应无腐蚀性气体、蒸气、易燃物及尘土；电池应安装于通风良好的场所，严禁安放在密封环境、仓库等场所。

落地安装时，宜高出地面 150mm 以上，屏前和屏后的通道应能够满足更换电池的需求。

（五）应急照明控制器的安装

在墙上安装时，应急照明控制器的底边距地（楼）面高度为 1.3m～1.5m，靠近门或侧墙安装时应保证应急照明控制器门的正常开关，正面操作距离不应小于 1.2m；落地安装时，其底边宜高出地坪 0.1m～0.2m。

应急照明控制器应安装牢固，不得倾斜，安装在轻质墙上时，应采取加固措施。

应急照明控制器的主电源要有明显标志，并应直接与消防电源连接，严禁使用电源插头。应急照明控制器与其外接备用电源之间应直接连接。接地应牢固，并应有明显标志。

应急照明控制器的控制线路要单独穿管。引入应急照明控制器的电缆或导线，配线应整齐，避免交叉，并应固定牢靠；电缆芯线和所配导线的端部，均应标明编号，并与图样一致，字迹应清晰且不易褪色；端子板的每个接线端，接线不得超过两根；电缆芯和导线应留有不小于 200mm 的余量；导线应绑扎成束；导线穿管后，应将管口封堵。

（六）疏散指示标志牌的安装

安装在疏散走道和主要疏散路线的地面时，其指示的疏散方向应与标志灯具指示方向相同，安装间距不应大于 1.5m。

安装应牢固，无破损。

安装在地面上时，只能采用镶嵌式工艺，其安装后应平整、牢固。

（七）电线电缆选择与线路敷设

应急照明集中电源的输出支路和集中控制型系统的控制线路在竖井内敷设，且与竖井内的燃烧性能为 B1 级以下电线电缆之间没有防火分隔时，应选择燃烧性能为A级的电线电缆；有防火分隔时，可选择燃烧性能为B1级的电线电缆。

应急照明分配电装置的输出线路和集中控制型系统的控制线路选择燃烧性能为B1级电线电缆时，应穿金属管保护，也可敷设在燃烧性能为同级别的电缆桥架或线槽中；选择燃烧性能为A级电线电缆时，可采用明敷。

在地面安装或在潮湿场所安装时，灯具的供电线路和控制线路均应选择耐腐蚀的橡胶电缆，接线处应做防腐蚀和防潮处理。

不同电压等级的线缆不应穿入同一根保护管内，当合用同一线槽时，线槽内应有金属隔板分隔。

系统的配电支线应采用铜芯导线，控制线路应采用多股铜芯导线。

05

第五章

火灾自动报警系统

第一节 火灾自动报警系统概述

火灾自动报警系统一般设置在工业与民用建筑场所，与自动灭火系统、消防应急照明和疏散指示系统、防烟排烟系统以及防火分隔系统等其他消防系统一起构成完整的建筑消防系统。

火灾自动报警系统由火灾探测报警系统、消防联动控制系统、可燃气体探测报警系统及电气火灾监控系统组成。

一、火灾探测报警系统

火灾探测报警系统能及时、准确地探测保护对象的初起火灾，并做出报警响应，告知建筑中的人员有火灾发生，从而使建筑中的人员有足够的时间在火灾发展蔓延到危害生命安全的程度前疏散至安全地带，是保障人员生命安全的最基本的建筑消防系统。

（一）火灾探测器分类

火灾探测器是火灾自动报警系统的基本组成部分之一，它至少含有一个能够连续或以一定频率周期监视与火灾有关的适宜的物理和/或化学现象的传感器，并至少能够向控制和指示设备提供一个合适的信号，是否报火警由探测器或控制和指示设备做出判断。

火灾探测器可按探测火灾特征参数、监视范围、复位功能、可拆卸性等进行分类。

1. 根据探测火灾特征参数分类

火灾探测器根据其探测火灾特征参数的不同，分为感温火灾探测器、感烟火灾探测器、感光火灾探测器、气体火灾探测器和复合火灾探测器五种基本类型。

（1）感温火灾探测器，即响应异常温度、温升速率和温差变化等参数的探测器，如图 5-1 所示。

图5-1　感温火灾探测器

（2）感烟火灾探测器，即响应悬浮在大气中的燃烧和/或热解产生的固体或液体微粒的探测器，进一步可分为离子感烟、光电感烟、红外光束、吸气型等火灾探测器，如图 5-2 所示。

图5-2　感烟火灾探测器

（3）感光火灾探测器，即响应火焰发出的特定波段电磁辐射的探测器，又称火焰探测器，进一步可分为紫外、红外及复合式等火灾探测器，如图 5-3 所示。

图5-3 感光火灾探测器

（4）气体火灾探测器，即响应燃烧或热解产生的气体的火灾探测器，如图 5-4 所示。

图5-4 气体火灾探测器

（5）复合火灾探测器，即将多种探测原理集于一身的探测器，进一步可分为烟温复合、红外紫外复合等火灾探测器，如图 5-5 所示。

图5-5　复合火灾探测器

此外，还有一些特殊类型的火灾探测器，包括以下类型：使用摄像机、红外热成像器件等视频设备或它们的组合方式获取监控现场视频信息，进行火灾探测的图像型火灾探测器；探测泄漏电流大小的漏电流感应型火灾探测器；探测静电电位高低的静电感应型火灾探测器；在一些特殊场合使用的，要求探测极其灵敏、动作极为迅速，通过探测爆炸产生的参数变化（如压力的变化）信号来抑制、消灭爆炸事故发生的微压差型火灾探测器；利用超声原理探测火灾的超声波火灾探测器；等等。

2. 根据监视范围分类

火灾探测器根据其监视范围的不同，分为点型火灾探测器和线型火灾探测器。

（1）点型火灾探测器，即响应一个小型传感器附近的火灾特征参数的探测器。

（2）线型火灾探测器，即响应某一连续路线附近的火灾特征参数的探测器。

此外，还有一种多点型火灾探测器，即响应多个小型传感器（如热电偶）附近的火灾特征参数的探测器。

3. 根据是否具有复位（恢复）功能分类

火灾探测器根据其是否具有复位功能，分为可复位探测器和不可复位探测器两种。

（1）可复位探测器，即在响应后及在引起响应的条件终止时，不更换任何组件即可从报警状态恢复到监视状态的探测器。

（2）不可复位探测器，即在响应后不能恢复到正常监视状态的探测器。

4. 根据是否具有可拆卸性分类

火灾探测器根据其维修和保养时是否具有可拆卸性，分为可拆卸探测器和不可拆卸探测器两种。

（1）可拆卸探测器，即探测器容易从正常运行位置上拆下来，以方便维修和保养。

（2）不可拆卸探测器，即在维修和保养时，探测器不容易从正常运行位置上拆下来。

（二）手动火灾报警按钮分类

手动火灾报警按钮是火灾自动报警系统中不可或缺的一种手动触发器件，通过手动操作报警按钮向火灾报警控制器发出火灾报警信号。

手动火灾报警按钮按编码方式分为编码型报警按钮与非编码型报警按钮。

（三）火灾自动报警系统分类

火灾自动报警系统是火灾探测报警系统与消防联动控制系统的简称，是以实现火灾早期探测和报警，以及向各类消防设备发出控制信号并接收设备反馈信号，进而实现预定消防功能为基本任务的一种先进的自动消防设施。

火灾自动报警系统根据保护对象及设立的消防安全目标不同分为以下三类。

1. 区域报警系统

区域报警系统由火灾探测器、手动火灾报警按钮、火灾声光警报器、火灾报警控制器等组成，系统中可包括消防控制室图形显示装置和指示楼层的区域显示器。

2. 集中报警系统

集中报警系统由火灾探测器、手动火灾报警按钮、火灾声光警报器、消防应急广播、消防专用电话、消防控制室图形显示装置、火灾报警控制器、消防联动控制器等组成。

3. 控制中心报警系统

控制中心报警系统由火灾探测器、手动火灾报警按钮、火灾声光警报器、消防应急广播、消防专用电话、火灾报警控制器、消防联动控制器等组成，且包含两个及以上集中报警系统。

二、消防联动控制系统

消防联动控制系统由消防联动控制器、消防控制室图形显示装置、消防电气控制装置（防火卷帘控制器、气体灭火控制器等）、消防电动装置、消防联动模块、消火栓按钮、消防应急广播设备、消防专用电话等设备和组件组成。

在火灾发生时联动控制器按设定的控制逻辑准确发出联动控制信号给消防泵、喷淋泵、防火门、防火阀、排烟阀等消防设备，完成对灭火系统、消防应急照明和疏散指示系统、防烟排烟系统及防火卷帘等其他消防系统的控制，当受控消防设备动作后将动作信号反馈给消防控制室并进行显示。

消防联动控制系统还监视着建筑消防设施的运行状态，即接收来自消防联动现场设备以及火灾自动报警系统以外的其他系统的火灾信息或其他触发和输入信息。通过传输设备将火灾报警控制器发出的火灾报警信号及其他有关信息传输到建筑消防设施及消防安全管理远程监控系统。

三、可燃气体探测报警系统

可燃气体探测报警系统由可燃气体报警控制器、可燃气体探测器和火灾声光警报器等组成，能够在保护区域内泄漏可燃气体的浓度低于爆炸下限的条件下提前报警，从而预防由于可燃气体泄漏引发的火灾和爆炸事故。

可燃气体探测报警系统是火灾自动报警系统的独立子系统，属于火灾预警系统。

四、电气火灾监控系统

电气火灾监控系统由电气火灾监控器、电气火灾监控探测器组成，能在发生电气故障、产生一定电气火灾隐患的条件下发出报警信号，提醒专业人员排除电气火灾隐患，实现电气火灾的早期预防，以避免电气火灾的发生。

电气火灾监控系统是火灾自动报警系统的独立子系统，属于火灾预警系统。

五、消防控制室

消防控制室是设有火灾自动报警控制设备和消防控制设备,用于接收、显示、处理火灾报警信号,控制相关消防设施的专门处所。具有消防联动功能的火灾自动报警系统的保护对象中应设置消防控制室。

消防控制室内设置的消防设备应包括火灾报警控制器、消防联动控制器、消防控制室图形显示装置、消防专用电话总机、消防应急广播控制装置、消防应急照明和疏散指示系统控制装置、消防电源监控器等设备或具有相应功能的组合设备。消防控制室应设有用于火灾报警的外线电话。

第二节 火灾自动报警系统的配套设施

火灾自动报警系统由火灾探测报警系统、消防联动控制系统、可燃气体探测报警系统及电气火灾监控系统组成。

一、火灾探测报警系统

火灾探测报警系统由火灾报警控制器、触发器件和火灾警报装置等组成。

（一）触发器件

在火灾自动报警系统中，自动或手动产生火灾报警信号的器件称为触发器件，主要包括火灾探测器和手动火灾报警按钮。火灾探测器是能对火灾参数（如烟、温度、火焰辐射、气体浓度等）做出响应，并自动产生火灾报警信号的器件。手动火灾报警按钮是以手动方式产生火灾报警信号、启动火灾自动报警系统的器件。

（二）火灾报警装置

在火灾自动报警系统中，用以接收、显示和传递火灾报警信号，并能发出控制信号以及具有其他辅助功能的控制指示设备称为火灾报警装置。火灾报警控制器就是其中最基本的一种。火灾报警控制器担负着为火灾探测器提供稳定的工作电源，监视探测器及系统自身的工作状态，接收、转换、处理火灾探测器输出的报警信号，进行声光报警，指示报警的具体部位及时间，同时执行相应辅助控制任务等诸多任务。

（三）火灾警报装置

在火灾自动报警系统中，用以发出区别于环境声、光的火灾警报信号的装置称为火灾警报装置。它以声、光和音响等方式向报警区域发出火灾警报信号，以警示人们迅速采取安全疏散、灭火救灾措施。

（四）电源

火灾自动报警系统属于消防用电设备，其主电源应当采用消防电源，备用电源可采用蓄电池。系统电源除为火灾报警控制器供电外，还为与系统相关的消防控制设备等供电。

二、消防联动控制系统

消防联动控制系统主要组件包括消防联动控制器、消防控制室图形显示装置、消防电气控制装置（如防火卷帘控制器、气体灭火控制器等）、消防电动装置、消防联动模块、消火栓按钮、消防应急广播设备、消防电话等设备。

（一）消防联动控制器

消防联动控制器是消防联动控制系统的核心组件。它通过接收火灾报警控制器发出的火灾报警信息，按预设逻辑对建筑中设置的自动消防系统（设施）进行联动控制。消防联动控制器可直接发出控制信号，通过驱动装置控制现场的受控设备；对于控制逻辑复杂且在消防联动控制器上不便实现直接控制的情况，可通过消防电气控制装置（如防火卷帘控制器、气体灭火控制器等）间接控制受控设备，同时接收自动消防系统（设施）动作的反馈信号。

（二）消防控制室图形显示装置

消防控制室图形显示装置用于接收并显示保护区域内的火灾探测报警及联动控制系统、消火栓系统、自动灭火系统、防烟排烟系统、防火门及防火卷帘系统、电梯、消防电源、消防应急照明和疏散指示系统、消防通信等各类消防系统以及系统中的各类消防设备（设施）运行的动态信息和消防管理信息，同时具有信息传输和记录功能。

（三）消防电气控制装置

消防电气控制装置的功能是控制各类消防电气设备，它一般通过手动或自动的工作方式来控制各类消防泵、防烟排烟风机、电动防火门、电动防火窗、防火卷帘、电动阀等各类电动消防设施的控制装置及双电源互换装置，将相应设备的工作状态信息反馈给消防联动控制器并进行显示。

（四）消防电动装置

消防电动装置的功能是实现电动消防设施的电气驱动或释放，它是包括电动防火门窗、电动防火阀、电动防烟阀、电动排烟阀、气体驱动器等电动消防设施的电气驱动或释放装置。

（五）消防联动模块

消防联动模块是用于消防联动控制器和其所连接的受控设备或部件之间信号传输的设备，包括输入模块、输出模块和输入输出模块。输入模块的功能是接收受控设备或部件的信号反馈并将信号输入消防联动控制器中进行显示；输出模块的功能是接收消防联动控制器的输出信号并发送到受控设备或部件；输入输出模块则同时具备输入模块和输出模块的功能。

（六）消火栓按钮

消火栓按钮是手动启动消火栓系统的控制按钮。

（七）消防应急广播设备

消防应急广播设备由控制和指示装置、声频功率放大器、传声器、扬声器、广播分配装置、电源装置等部分组成，是在火灾或意外事故发生时通过控制功率放大器和扬声器进行应急广播的设备。它的主要功能是向现场人员通报火灾，指挥并引导现场人员疏散。

（八）消防电话

消防电话是用于消防控制室与建筑物中各部位之间通话的电话系统。它由消防电话总机、消防电话分机、消防电话插孔组成。消防电话是与普通电话分开的专用独立系统，一般采用集中式对讲电话，消防电话的总机设在消防控制室，分机分设在其他各个部位。其中，消防电话总机是消防电话的重要组成部分，能够与消防电话分机进行全双工语音通信；消防电话分机设置在建筑物中各关键部位，能够与消防电话总机进行全双工语音通信；消防电话插孔安装在建筑物各处，插上电话手柄就可以和消防电话总机进行通信。

第三节 火灾自动报警系统主要组件及安装

火灾自动报警系统主要组件包括控制器类设备、火灾探测器、手动火灾报警按钮、消防电气控制装置、模块、消防应急广播扬声器和火灾警报器、消防电话、消防设备应急电源、可燃气体探测器、电气火灾监控探测器等，本节主要介绍其结构组成及安装。

一、组件安装前的检查

按照设计文件的要求对组件进行检查，组件的型号、规格应符合设计文件的要求。

对组件外观进行检查，组件表面应无明显划痕、毛刺等机械损伤，紧固部位应无松动。

二、控制器类设备的安装

控制器类设备主要包括火灾报警控制器、区域显示器、消防联动控制器、可燃气体报警控制器、电气火灾监控器、气体（泡沫）灭火控制器、消防控制室图形显示装置、火灾报警传输设备或用户信息传输装置、防火门监控器等设备。

控制器类设备在消防控制室内的布置有以下几个方面的要求。

（1）设备面盘前的操作距离，单列布置时不应小于 1.5m，双列布置时不应小于 2m。

（2）在值班人员经常工作的一面，设备面盘距墙不应小于 3m。

（3）设备面盘后的维修距离不宜小于 1m。

（4）设备面盘的排列长度大于 4m 时，其两端应设置宽度不小于 1m 的通道。

控制器类设备采用壁挂方式安装时，其主显示屏高度宜为 1.5m～1.8m，其靠近门轴的侧面距墙不应小于 0.5m，正面操作距离不应小于 1.2m；落地安装时，其底边宜高出地（楼）面 0.1m～0.2m。

控制器应安装牢固，不应倾斜；当安装在轻质墙上时，应采取加固措施。

控制器的主电源应有明显的永久性标志，并应直接与消防电源连接，严禁使用电源插头。控制器与其外接备用电源之间应直接连接。

引入控制器的电缆或导线的安装有以下几个方面的要求。

（1）配线应整齐，不宜交叉，并应固定牢靠。

（2）电缆芯线和所配导线的端部均应标明编号，并与图样一致，字迹应清晰且不易褪色。

（3）端子板的每个接线端，接线不得超过 2 根，电缆芯线和导线应留有不小于 200mm 的余量，并应绑扎成束。

（4）导线穿管或线槽后，应将管口或槽口封堵。

三、火灾探测器的安装

（一）点型感烟、感温火灾探测器

点型感烟、感温火灾探测器的安装要求如下。

（1）探测器至墙壁、梁边的水平距离，不应小于 0.5m；探测器周围水平距离 0.5m 内，不应有遮挡物；探测器至空调送风口最近边的水平距离，不应小于 1.5m；探测器至多孔送风顶棚孔口的水平距离，不应小于 0.5m。

（2）在宽度小于 3m 的内走道顶棚上安装探测器时，宜居中安装。点型感温火灾探测器的安装间距，不应超过 10m；点型感烟火灾探测器的安装间距，不应超过 15m。探测器至端墙的距离不应大于安装间距的一半。

（3）探测器宜水平安装，需倾斜安装时，倾斜角不应大于 45°。

（二）线型光束感烟火灾探测器

线型光束感烟火灾探测器的安装要求如下。

（1）根据设计文件的要求确定探测器的安装位置，探测器应安装牢固，不应产生位移。在钢结构建筑中，发射器和接收器（反射式探测器的探测器和反射板）可设置在钢架上，但应考虑位移影响。

（2）发射器和接收器（反射式探测器的探测器和反射板）之间的光路上应无遮挡物，应保证接收器（反射式探测器的探测器）避开日光和人工光源直接照射。

（三）缆式线型感温火灾探测器

缆式线型感温火灾探测器的安装要求如下。

（1）根据设计文件的要求确定探测器的安装位置及敷设方式。探测器应采用专用固定装置固定在保护对象上。

（2）探测器应采用连续无接头方式安装，如确需中间接线，必须用专用接线盒连接；探测器安装敷设时不应硬性折弯、扭转，避免产生重力挤压冲击，探测器的弯曲半径宜大于 0.2m。

（四）敷设在顶棚下方的线型感温火灾探测器

敷设在顶棚下方的线型感温火灾探测器的安装要求如下。

探测器至顶棚距离宜为0.1m，探测器的保护半径应符合点型感温火灾探测器的保护半径要求；探测器至墙壁的距离宜为1m～1.5m。

（五）分布式线型光纤感温火灾探测器

分布式线型光纤感温火灾探测器的安装要求如下。

（1）根据设计文件的要求确定探测器的安装位置及敷设方式。感温光纤应采用专用固定装置固定。

（2）感温光纤严禁打结。光纤弯曲时，弯曲半径应大于0.5m；分布式感温光纤穿越相邻的报警区域时应设置光缆余量段，隔断两侧应各留不小于8m的余量段；每个光通道始端及末端光纤应各留不小于8m的余量段。

（六）光栅光纤感温火灾探测器

光栅光纤感温火灾探测器的安装要求如下。

（1）根据设计文件的要求，确定探测器的安装位置以及敷设方式。信号处理器及感温光纤（缆）的安装位置应避免受到强光的直接照射。

（2）光栅光纤感温火灾探测器每个光栅的保护面积和保护半径应符合点型感温火灾探测器的保护面积和保护半径要求，光纤光栅感温段的弯曲半径应大于0.3m。

（七）管路采样式吸气感烟火灾探测器

管路采样式吸气感烟火灾探测器的安装要求如下。

（1）根据设计文件和产品使用说明书的要求确定探测器的管路安装位置、敷设方式及采样孔的设置。

（2）采样管应安装牢固，在有过梁、空间支架的建筑中，采样管路应固定在过梁、空间支架上。

（八）点型火焰探测器和图像型火灾探测器

点型火焰探测器和图像型火灾探测器的安装要求如下。

（1）根据设计文件的要求确定探测器的安装位置，探测器的视场角应覆盖探测区域。

（2）探测器与保护目标之间不应有遮挡物；应避免光源直接照射探测器的探测窗口；探测器在室外或交通隧道安装时，应有防尘、防水措施。

（九）探测器底座

探测器底座的安装要求如下。

（1）探测器的底座应安装牢固，与导线连接必须可靠压接或焊接。当采用焊接方式时，不应使用带腐蚀性的助焊剂。

（2）探测器底座的连接导线应留有不小于 150mm 的余量，且在其端部应有明显的永久性标志。探测器底座的穿线孔宜封堵，安装完毕的探测器底座应采取保护措施。

（十）其他事项

探测器报警确认灯应朝向便于人员观察的主要入口方向。探测器在即将调试时方可安装。在调试前应妥善保管并应采取防尘、防潮、防腐蚀措施。

四、手动火灾报警按钮的安装

手动火灾报警按钮的安装有如下要求。

手动火灾报警按钮应安装在明显和便于操作的部位。当安装在墙上时，其底边距地（楼）面高度宜为1.3m～1.5m。手动火灾报警按钮应安装牢固，不应倾斜。

手动火灾报警按钮的连接导线应留有不小于150mm的余量，且在其端部应有明显标志。

五、消防电气控制装置的安装

消防电气控制装置的安装有如下要求。

（1）消防电气控制装置在安装前应进行功能检查，检查结果不合格的装置严禁安装。

（2）消防电气控制装置外接导线的端部，应有明显的永久性标志。消防电气控制装置箱体内不同电压等级、不同电流类别的端子应分开布置，并应有明显的永久性标志。

（3）消防电气控制装置应安装牢固，不应倾斜；安装在轻质墙上时，应采取加固措施。消防电气控制装置在消防控制室内墙上安装时，其主显示屏高度宜为1.5m～1.8m，其靠近门轴的侧面距墙不应小于0.5m，正面操作距离不应小于1.2m；落地安装时，其底边宜高出地（楼）面0.1m～0.2m。

六、模块的安装

模块的安装有如下要求。

（1）同一报警区域内的模块宜集中安装在金属箱内。模块（或金属箱）应独立支撑或固定，安装牢固，并应采取防潮、防腐蚀等措施。隐蔽安装时，在安装处应有明显的部位显示和检修孔。

（2）模块的连接导线应留有不小于 150mm 的余量，其端部应有明显标志。

七、消防应急广播扬声器和火灾警报器的安装

消防应急广播扬声器和火灾警报器的安装有如下要求。

（1）消防应急广播扬声器和火灾警报器宜在报警区域内均匀安装，安装应牢固可靠，表面不应有破损。光警报器应安装在安全出口附近明显处，底边距地（楼）面高度在 2.2m 以上。

（2）火灾光警报器与消防应急疏散指示标志不宜安装在同一面墙上。如安装在同一面墙上时，距离应大于 1m。

八、消防专用电话的安装

消防专用电话的安装有如下要求。

消防专用电话、电话插孔、带电话插孔的手动报警按钮宜安装在明显、便于操作的位置；在墙面上安装时，其底边距地（楼）面高度宜为 1.3m～1.5m。消防专用电话和电话插孔应有明显的永久性标志。

九、消防设备应急电源的安装

消防设备应急电源的安装有如下要求。

（1）消防设备应急电源的电池应安装在通风良好处，如安装在密封环境中应有通风措施。

（2）酸性电池不得安装在带有碱性介质的场所，碱性电池不得安装在带有酸性介质的场所。

（3）消防设备应急电源不应安装在有可燃气体的场所。

十、可燃气体探测器的安装

可燃气体探测器的安装有如下要求。

根据设计文件的要求确定可燃气体探测器的安装位置；在探测器周围应适当留出更换和标定的空间；在有防爆要求的场所，应按防爆要求施工。线型可燃气体探测器的发射器和接收器的窗口应避免日光直射，发射器与接收器之间不应有遮挡物。

十一、电气火灾监控探测器的安装

电气火灾监控探测器的安装有如下要求。

（1）根据设计文件的要求确定电气火灾监控探测器的安装位置。有防爆要求的场所，应按防爆要求施工。

（2）剩余电流式探测器负载侧的N线（即穿过探测器的工作零线）不应与其他回路共用，且不能重复接地（即与PE线相连）；探测器周围应适当留出更换和标定的空间。

（3）测温式电气火灾监控探测器应采用专用固定装置固定在保护对象上。

第四节 消防应急广播系统

消防应急广播系统，又称消防应急广播设备或消防广播系统，是火灾情况下用于通告火灾报警信息、发出人员疏散语音指示及灾害事项信息的广播设备，也是消防联动控制设备的相关设备之一。

消防应急广播设备也可与公共广播设备合用，平时可做背景音乐广播；在有火警发生时，不但能手动操作进入应急广播状态，而且能根据接收到的控制信号，通过逻辑编程自动进入应急广播状态。

消防广播系统可以实现广播、对讲、喊话、报警、视频联动等一系列的业务功能。

消防广播系统是用于火灾逃生疏散和灭火指挥的重要设备，在整个消防控制管理系统中起着极其重要的作用。在火灾发生时，消防应急广播信号通过音源设备发出，经过功率放大后，由广播切换模块切换到广播指定区域的音箱实现应急广播。

一、消防广播系统的作用与功能

（一）消防广播系统的功能

通过现场编程，火灾时消防广播能由联动控制器通过其执行件（继电器盒、远程控制器或控制模块）按照防火分区分别播音，实施三层联动控制。

（二）消防广播扬声器的设置

建筑内扬声器设置在走道和大厅等公共场所。

（三）消防广播系统的作用

消防广播与公共广播共用：当发生火警时应能强制切换到火灾广播状态。

二、消防广播系统组成设备

消防广播系统主要由音源设备、功率放大器、输出模块、音箱等设备构成。在为商场等大型场所选用功率放大器时，应能满足三层所有音箱启动的要求，音源设备应具有放音、录音功能。

一般的消防广播系统主要由主机端设备，包括音源设备、广播功率放大器、火灾报警控制器（联动型）等，以及现场设备，包括输出模块、音箱构成。图 5-6 为音箱。

图5-6　音箱

消防广播主机是火灾或紧急情况下，进行现场应急广播的主要设备，通过它向现场人员通报事故情况，并有效指挥或引导现场人员疏散，如图 5-7 所示。

图 5-7 消防应急广播主机

第五节　消防电话系统

消防电话系统是消防通信的专用设备，当发生火灾报警时，它可以提供方便快捷的通信手段，是消防控制及其报警系统中不可或缺的通信设备。消防电话系统有专用的通信线路，现场人员可以通过现场设置的固定电话和消防控制室通话，也可以用便携式电话插入插孔式手报或者电话插孔上与控制室直接通话。

消防电话系统是用于消防控制室与建筑物中各部位之间通话的电话系统，由消防电话总机、消防电话分机、消防电话插孔构成。消防电话是与普通电话分开的专用独立系统，一般采用集中式对讲电话。

一、消防电话总机

在多线制消防电话系统中，每一部固定式消防电话分机各占用消防电话主机的一路；总线制消防电话总机是一种新型的火警通信设备，是通过两总线、24V 电源线与电话模块、电话插孔、电话分机一起构成的火灾报警通信系统。

二、消防电话分机

消防电话分机设置在建筑物中各关键部位（如消防水泵房、发电机房、配变电室、计算机网络机房、主要通风和空调机房、防烟排烟机房、灭火控制系统操作装置处等），能够与消防电话总机进行全双工语音通信；消防电话插孔安装在建筑物各处，插上电话手柄就可以和消防电话总机通信。

（一）固定式消防电话分机

固定式消防电话分机有被叫振铃和摘机通话的功能，与消防电话主机配合使用，如图 5-8 所示。

图5-8　固定式消防电话分机

（二）便携式消防电话分机

便携式消防电话分机插入插孔即可同主机进行通话，便于携带，如图 5-9 所示。

图5-9　便携式消防电话分机

三、消防电话插孔

消防电话插孔主要用于将便携式消防电话分机连入消防电话系统。消防电话插孔需通过消防电话接口接入消防电话系统，不能直接接入消防电话总线，如图 5-10 所示。

图5-10　消防电话插孔

四、设置要求

消防专用电话线路的可靠性关系到火灾时消防通信指挥系统是否畅通，故新版《建筑防火通用规范》（GB 55037—2022）强调，消防电话系统应为独立的消防通信系统，就是说不能利用一般电话线路或综合布线网络（PDS 系统）代替消防专用电话线路，消防专用电话网络应独立布线。

消防控制室应设置消防专用电话总机。

为了确保消防专用电话的可靠性，消防专用电话总机与电话分机或插孔之间的呼叫方式应该是直通的，中间不应有交换或转接程序，即宜选用共电式直通电话机或对讲电话机。

火灾时，与消防作业的主要场所的通信一定要畅通无阻，以确保消防作业的正常进行，故规定电话分机或者电话插孔的设置，应符合下列规定。

（1）消防水泵房、发电机房、配变电室、计算机网络机房、主要通风和空调机房、防烟排烟机房、灭火控制系统操作装置处或控制室、企业消防站、消防值班室、总调度室、消防电梯机房及其他与消防联动控制有关且经常有人值班的机房应设置消防专用电话分机。消防专用电话分机，应固定安装在明显且便于使用的部位，并应有别于普通电话的标识。

（2）设有手动火灾报警按钮或消火栓按钮等处，宜设置电话插孔，并宜选择带有电话插孔的手动火灾报警按钮。

（3）设置消防专用电话时，各避难层应每隔 20m 设置一个消防专用电话分机或电话插孔。

（4）电话插孔在墙上安装时，其底边距地高度宜为 1.3m～1.5m。

（5）消防控制室、消防值班室或企业消防站等处是消防作业的主要场所，故新《火规》强调应设置可直接报警的外线电话。

06

第六章

防火门监控系统的设计与管理

第一节 防火门监控系统概述

防火门监控系统是火灾自动报警系统的一个子系统，其主要作用是监控疏散通道上防火门的开闭及故障状态。该系统主要由防火门监控器、防火门监控分机、防火门监控模块及监视联动装置组成，防火门的监视联动装置包括电动闭门器、手动按钮、电磁释放器和门磁开关等。

防火门监控器可以显示防火门的开启、关闭和故障状态，发生火灾时对防火门的开闭状态进行控制，并将各个防火门的信息传输至火灾自动报警系统主机；监控分机可以扩大监控系统的工作范围和规模；监控模块接收监控器发出的信号，对现场监视联动装置进行控制，并采集现场监视联动设备的状态信息，传输至监控器；电动闭门器可以改变或保持防火门的开闭状态，并能将其状态信息反馈至防火门监控器；电磁释放器使常开防火门平时保持打开状态，在接收到信号后关闭防火门，并将本身的状态信息反馈至监控器；门磁开关用于监视防火门的开闭状态，并将其状态信息反馈至防火门监控器。

一、防火门监控器及监控分机

防火门监控器是防火门监控系统的核心。防火门系统工作时，火灾报警控制器及消防联动控制器的信号传输至防火门监控器，由防火门监控器对防火门监控模块及监视联动装置进行监控；同时防火门监控模块的状态信号传输至防火门监控器，由防火门监控器将信号传输至消防联动控制器及消防控制室图形显示装置。

防火门监控器主要有如下功能：显示和控制与其连接的电动闭门器和释放器的开、闭状态；接收火灾自动报警系统的火灾报警信号，并控制电动闭门器和释放器；记录与其连接的防火门的状态信息。监控器及监控分机的主电源采用 220V、50Hz 交流电源，电动闭门器、释放器和门磁开关的供电电源采用 24V 或 12V 直流电源；并配有备用电源，备用电源采用密封、免维护充电电池，电池容量在保证监控器处于通电工作状态及提供防火门开启以及关闭所需电源的情况下正常可靠工作 3h。

防火门监控分机是防火门监控器的扩展，其可以延长防火门监控器的供电和通信距离，使系统供电稳定、通信可靠，同时，其可以扩展管理防火门监控模块的数量，形成更加完善稳定的监控网络，相比监控器，其外形尺寸更小，便于安装。

在火灾发生时，防火门的开闭状态对保证人员的及时疏散和阻隔火势起到重要的作用，防火门监控器和监控模块应在火灾时配合其他消防系统的工作，因此防火门监控器应设置在消防控制室内，若建筑未设置消防控制室，监控器应设在有人值班的场所；监控分机可设置在电气竖井或楼层配电间等处；防火门监控器设置应符合火灾报警控制器的安装设置要求。

二、防火门监控模块及监视联动装置

防火门监控模块分为常闭监控模块和常开监控模块，常闭监控模块以关闭状态为常规状态，常开监控模块以常开状态为常规状态，当状态发生改变时，防火门监控器需做出判断和反应。对于单门和双门，其所接的联动装置的数量有所不同，从经济角度出发，可以分为单开型和双开型两种类型。

建筑防火规范对防火门有以下要求：疏散通道上各防火门的开启、关闭及故障状态信号反馈至防火门监控器，这保证了所有防火门的使用情况均受到有效的监控；防火门具有自闭功能，可以确保人员疏散后防火门完全关闭，该功能通过闭门器实现；双扇防火门按顺序关闭，可以防止因为关闭顺序错误导致防火门密闭不严，采用顺序器保证此功能；常开防火门应能在火灾时自行关闭，并反馈信号，通过防火门监控系统实现。

根据以上规范要求，防火门监视联动装置在防火门处主要以以下四种形式进行安装。

（1）单开或双开常闭防火门，防火门平时处于常闭状态，门磁开关保持吸合。防火门开启时，门磁开关通过监控模块向防火门监控器发出信号，提示防火门处于开启状态，当门扇不能完全闭合时，门磁开关通过监控模块向防火门监控器反馈故障状态。门磁开关不得破坏门扇与门框的密闭性。

（2）单开或双开常闭防火门，设置电动闭门器，其主要应用于平时需要控制人员出入的疏散门，防火门平时处于常闭状态，不允许人员随意开启通过。发生火灾时，防火门监控器通过监控模块使电动闭门器动作，令门扇可以通过手动开启，并通过监控模块向防火门监控器反馈信号；如按下手动控制按钮，也可以使防火门手动开启，但手动按钮处需设置明显的平时不允许按下的指示，或将手动按钮联动警报装置。手动控制按钮应设置在防火门内侧墙面，距门不宜超过 0.5m，方便疏散人员逃离火灾现场时使用，底边距地面高度宜为 0.9m～1.3m，便于疏散人员操作。当门扇不能完全闭合时，门磁开关通过监控模块向防火门监控器反馈故障状态。门磁开关不得破坏门扇与门框之间的密封性。

（3）单开或双开常开防火门，设置电磁释放器、机械闭门器及门磁开关，电磁释放器、门磁开关分别与监控模块连接，防火门处于常开状态，防火门监控系统参与联动，由其所在防火分区内的两只独立的火灾探测器的“与”逻辑报警信号或一只火灾探测器和一只手动火灾报警按钮的“与”逻辑报警信号作为消防联动的触发信号，火灾报警控制器或消防联动控制器确认该信号后，防火门监控器通过监控模块使电磁释放器动作，释放链条，门扇在机械闭门器的作用下完成关闭，门磁开关吸合后，通过监控模块向防火门监控器反馈防火门关闭信号。当门扇不能完全闭合时，门磁开关通过监控模块向防火门监控器反馈故障状态，门磁开关不得破坏门扇与门框之间的密封性。

（4）单开或双开常开防火门，其设置电动闭门器，防火门处于常开状态，发生火灾时，防火门监控器通过监控模块使电动闭门器动作，门扇在电动闭门器的驱动下完成关闭，并通过监控模块向防火门监控器反馈关闭信号，此种防火门的触发信号与带电磁释放器的常开门的触发信号相同。手动控制按钮的安装高度和位置要求与设置电动闭门器的常闭防火门的手动按钮一致。当门扇不能完全闭合时，门磁开关通过监控模块向防火门监控器反馈故障状态。门磁开关不得破坏门扇与门框之间的密封性。

第二节 防火门监控系统的组成与应用

一、防火门的介绍

防火门是指在一定时间内能满足耐火性、完整性和隔热性要求的门，除具有普通门的作用外，又是建筑重要的防火分隔及防烟措施。防火门在火灾发生时，除了要能自行关闭外，还要确保能闭合到位。

防火门可分为常闭防火门、常开防火门两种。设置在建筑内经常有人通行处的防火门宜采用常开防火门。常开防火门在火灾时自行关闭，有效阻隔火势、烟雾蔓延。除允许设置常开防火门的位置外，其他位置的防火门均应采用常闭防火门。常闭防火门应能在明显位置设置“保持防火门关闭”等提示标识。

二、防火门监控系统的组成

防火门监控系统主要由防火门监控器、监控模块、电动闭门器、电磁释放器、门磁开关等组成。

（一）防火门监控器

防火门监控器是防火门监控系统的核心。防火门监控器通过现场控制装置（常开门、常闭门）、门磁开关、电动闭门器、电磁释放器开关等装置，实现对防火门打开或关闭状态的监视与控制；当系统中设置有图形显示装置时，防火门监控器应将防火门状态信息反馈至图形显示装置；对防火门处于非正常打开状态或非正常关闭状态的给出报警提示；当火灾发生时，接收消防联动控制器火警信号，受控断电后自行关闭常开防火门。

以泰和安 A 型防火门监控器为例进行说明。

1. 特点

泰和安 A 型防火门监控器有以下几个特点。

（1）窗口化触摸屏操作界面。

（2）自带 60 点总线联动操作键，能非常直观地看到每个按键的启动区域。

（3）安全性高，不同的操作权限需要输入相应的密码才能启用。

（4）能非常直观地显示每扇门的状态信息。

（5）总线 4 回路设计，最大可带 800 个总线部件点。

（6）辅助电源输出容量 DC24V/1A，监控器本身可带 20 个防火门定位与释放装置。

2. 技术参数

泰和安 A 型防火门监控器的技术参数，如表 6-1 所示。

表6-1　泰和安A型防火门监控器的技术参数

内 容	技术参数
主电电源	AC220V/50Hz（187V～242V）
备用电源	12V/12Ah，铅酸蓄电池，2节
显示屏规格	分辨率：800×480
容量	壁挂机，回路数4个，每回路200个总线部件点

续表

内 容	技术参数
使用环境	温度：0℃～40℃；湿度：≤95%RH（不凝露）
外形尺寸	410.0mm×135.0mm×500.0mm（长×宽×高）
符合标准	GB 29364—2012

3. 接线端子

图 6-1 为泰和安 A 型防火门监控器接线端子。

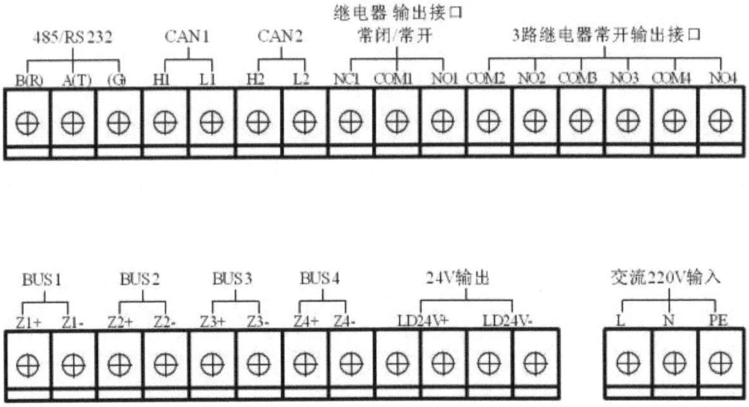

图6-1 泰和安A型防火门监控器接线端子

端子说明如下。

（1）485/RS232 接口。

通过插通信卡实现 485 通信或 RS232 通信切换。

485 接口：预留端子（增加此功能后，此端子才能用）。

RS232 接口：预留端子（增加此功能后，此端子才能用）。

注：连线时，任何设备的通信线 A 口接 A 口，B 口接 B 口，请勿接反，否则系统将无法通信。

（2）CAN 接口。

CAN1、CAN2：当本机作为集中机时，CAN1 用于与子机联网；当本机作为子机时，CAN2 用于与集中机联网；CAN 通信终端加上 120Ω 电阻。

（3）继电器输出接口常闭/常开。

NC1、COM1、NO1：预留端子。

（4）继电器常开输出接口。

NO2、COM2：无源常开输出接口，触点容量 DC30V/3A，监控器有联动时触点闭合。

NO3、COM3：无源常开输出接口，触点容量 DC30V/3A，监控器有故障时触点闭合。

NO4、COM4：预留端子。

（5）总线接口。

4 回路：BUS1、BUS2、BUS3、BUS4，二总线输出端子，与前端设备连接。

（6）24V 输出接口：DC24V 辅助电源，输出容量 24V/1A。

（7）交流 220V 输入：主机电源输入端子，交流 220V。

（二）防火门定位与释放装置

以泰和安 B 型防火门定位与释放装置（非编码型）为例。

1. 特点

保持防火门常开，断电后将处于打开状态的防火门关闭，从而有效地阻止火势烟雾蔓延。

2. 技术参数

泰和安 B 型防火门定位与释放装置（非编码型）的技术参数，如表 6-2 所示。

表6-2 泰和安B型防火门定位与释放装置（非编码型）的技术参数

产品名称	泰和安B型防火门定位与释放装置（非编码型）		
规格	型号	适用门	适用门宽/门重
	B1	左门/右门	≤830mm 25KG～65KG
	B2	左门/右门	≤930mm 65KG～85KG
	B3	左门/右门	≤1030mm 85KG～120KG
	B4	左门/右门	≤1500mm 115KG～150KG
工作电压	电源电压：DC24V（21V～28V）		
工作电流	电源工作电流：0.04A		
工作功率	0.96W		
安装方式	上门框安装		
接线方式	接线端子接入		
适用范围	与常开防火门监控模块配套使用，用于疏散通道、电梯前室的常开式防火门，每扇防火门需用一套定位与释放装置		

3. 外形尺寸与安装效果图

图 6-2 为防火门定位与释放装置尺寸图。

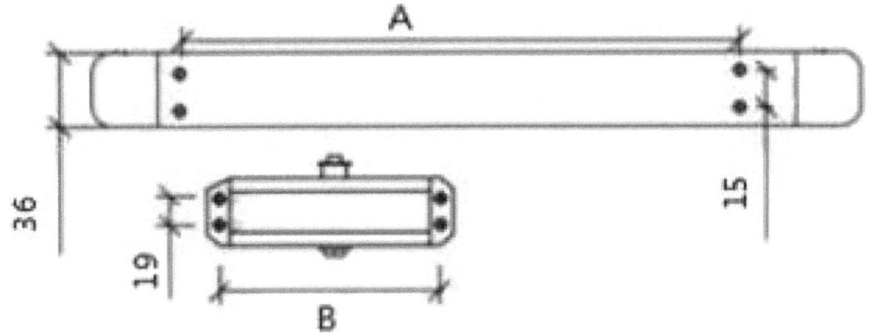

图6-2 防火门定位与释放装置尺寸图（单位：mm）

防火门外形尺寸如表 6-3 所示。

表6-3　防火门外形尺寸　　　　单位：mm

规格	B1	B2	B3	B4
A	420	420	520	520
B	162	188	230	230

图 6-3 为防火门拉门面安装示意图。

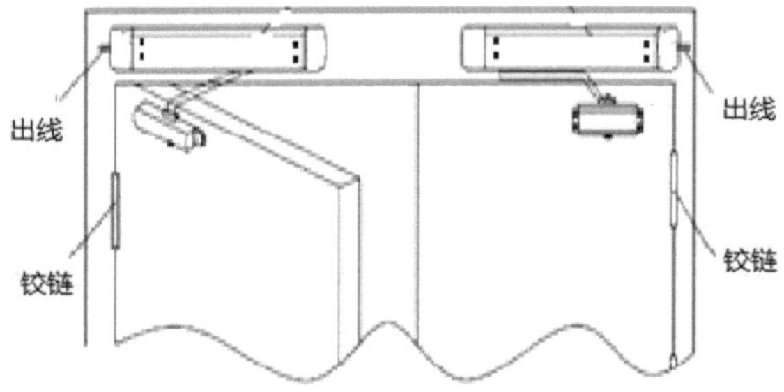

图6-3　防火门拉门面安装示意图

图 6-4 为防火门推门面安装示意图。

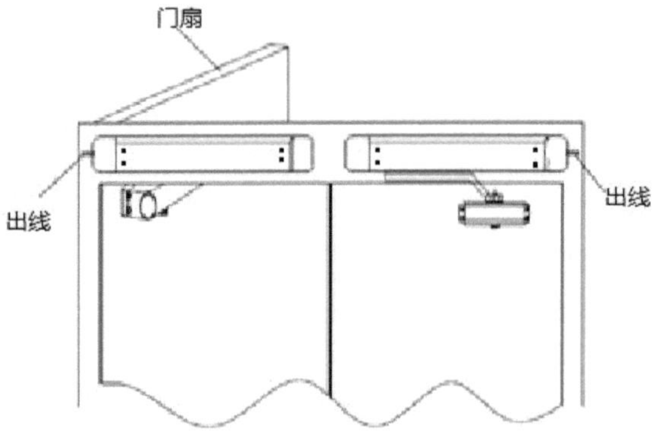

图6-4　防火门推门面安装示意图

图 6-5 为防火门定位与释放装置安装尺寸图。

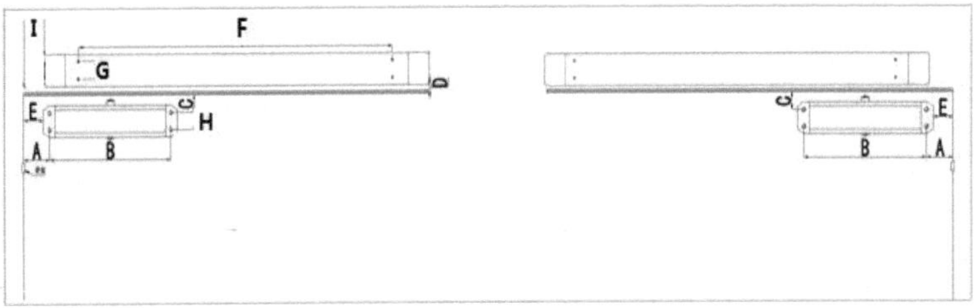

图6-5 防火门定位与释放装置安装尺寸图

防火门拉门面安装尺寸如表 6-4 所示。

表6-4 防火门拉门面安装尺寸 单位：mm

规格	A	B	C	D	E	F	G	H	I
B1	-	162	20	10	45	420	15	19	75
B2	-	188	25	10	45	420	15	19	75
B3	-	230	26	10	40	520	15	19	-
B4	-	230	26	10	52	520	15	19	-

防火门推门面安装尺寸如表 6-5 所示。

表6-5 防火门推门面安装尺寸 单位：mm

规格	A	B	C	D	E	F	G	H	I
B1	-	162	20	10	10	420	15	19	43
B2	-	188	25	10	10	420	15	19	43
B3	-	230	26	10	52	520	15	19	-
B4	-	230	26	10	64	520	15	19	-

4. 接线说明

图 6-6 为防火门定位与释放装置接线图。

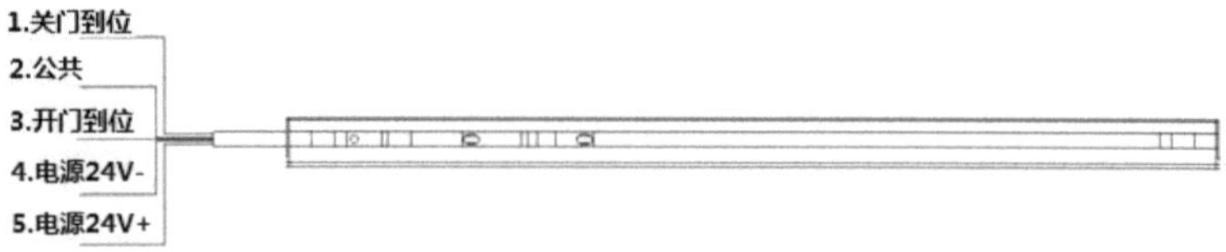

图6-6　防火门定位与释放装置接线图

接线说明如下。

（1）电源 24V+、电源 24V-：DC24V 电源接入端。

（2）开门到位、公共：门开启状态信号线，无极性（内部并联 5.1K 反馈电阻）。

（3）关门到位、公共：门关闭状态信号线，无极性（内部并联 5.1K 反馈电阻）。

（三）防火门门磁开关

以泰和安 C 型防火门门磁开关为例。

1. 特点

泰和安 C 型防火门门磁开关有以下几个特点。

（1）二总线通信，无极性。

（2）监视常闭防火门状态。

（3）金属外壳，结构美观。

（4）安装方便，布线简单。

2. 技术参数

泰和安 C 型防火门门磁开关的技术参数，如表 6-6 所示。

表6-6 泰和安C型防火门门磁开关的技术参数

内容	技术参数
产品名称	泰和安C型防火门门磁开关
工作电压	总线15V～28V脉冲电压
工作电流	≤1.5mA
线制	与监控器采用无极性二总线连接
安装方式	上门框安装
使用范围	用于常闭式防火门
符合标准	GB 29364—2012

3. 外形尺寸与安装效果图

图 6-7 为泰和安 C 型防火门门磁开关外形尺寸。

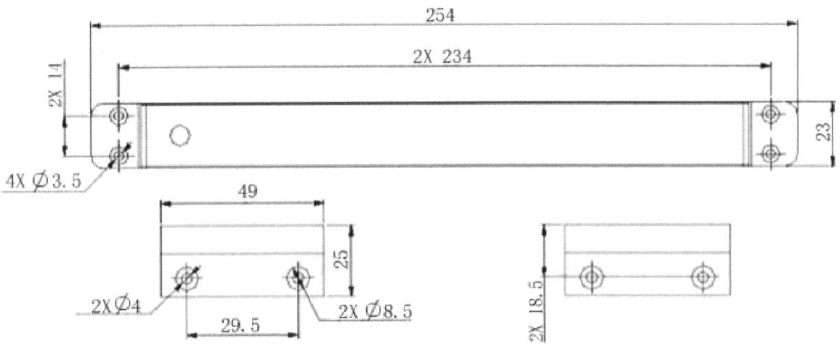

图6-7 泰和安C型防火门门磁开关外形尺寸（单位：mm）

图 6-8 为泰和安 C 型防火门门磁开关安装示意图。

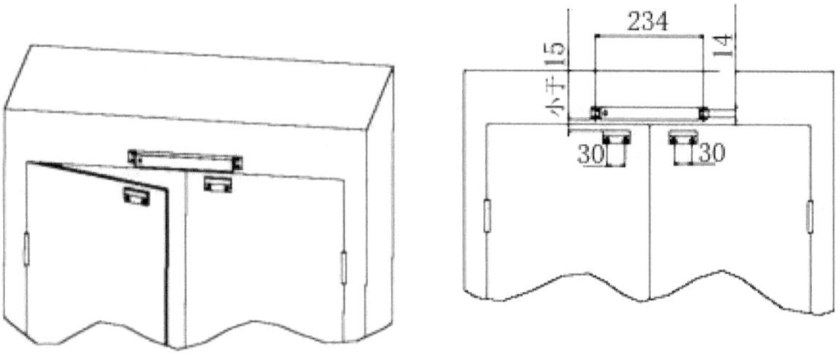

图6-8　泰和安C型防火门门磁开关安装示意图（单位：mm）

4. 接线说明

图 6-9 为泰和安 C 型防火门门磁开关接线示意图。

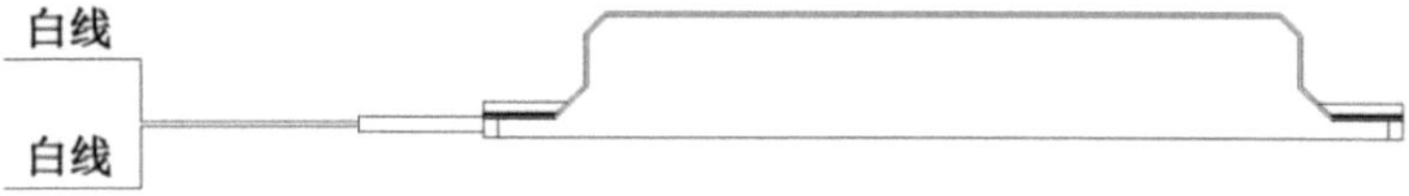

图6-9　泰和安C型防火门门磁开关接线示意图

（四）防火门电磁释放器

以泰和安 D 型防火门电磁释放器（非编码型）为例。

1. 特点

保持防火门常开，断电后将处于打开状态的防火门关闭，能够有效地阻止火势蔓延。

2. 技术参数

泰和安 D 型防火门电磁释放器（非编码型）的技术参数，如表 6-7 所示。

表6-7 泰和安D型防火门电磁释放器（非编码型）的技术参数

产品名称	泰和安D型防火门电磁释放器（非编码型）
工作电压	电源电压：DC24V（21V～28V）
工作电流	电源工作电流：0.08A
工作功率	1.92W
吸力	≥600N
安装方式	地面安装
外露线长	无，内部接线
适用范围	与常开防火门监控模块配套使用，用于疏散通道、电梯前室的常开型防火门，每扇防火门需用一只电磁释放器

3. 外形尺寸与安装效果图

图 6-10 为泰和安 D 型防火门电磁释放器尺寸图。

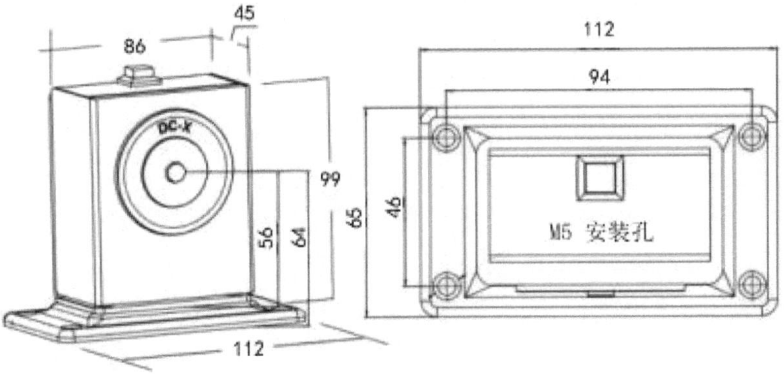

图6-10 泰和安D型防火门电磁释放器尺寸图（单位：mm）

图 6-11 为泰和安 D 型防火门电磁释放器墙面安装示意图。

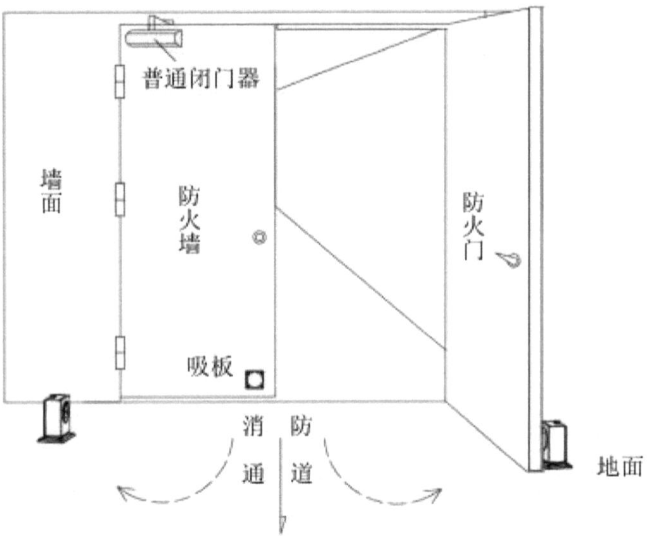

图6-11　泰和安D型防火门电磁释放器墙面安装示意图

4. 接线端子

图 6-12 为泰和安 D 型防火门电磁释放器接线示意图。

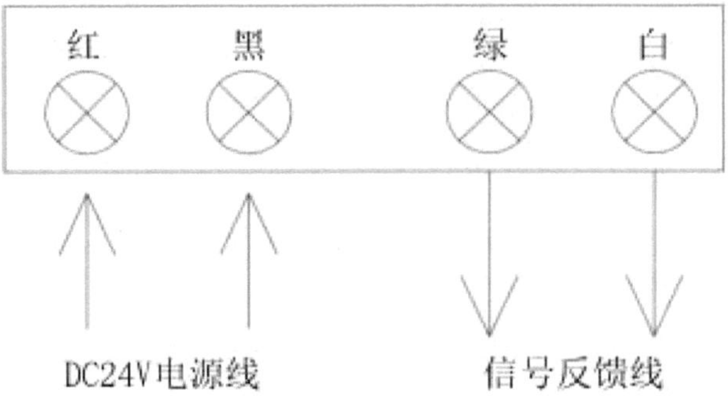

图6-12　泰和安D型防火门电磁释放器接线示意图

接线说明如下。

（1）DC24V 电源线：DC24V 输入，红正黑负。

（2）信号反馈线：门开启状态信号线，无极性（内部并联 5.1K 反馈电阻）。

（五）防火门监控模块

以泰和安 E 型常闭防火门监控模块为例。

1. 特点

泰和安 E 型常闭防火门监控模块有以下几个特点。

（1）二总线通信，无极性。

（2）输入线具有断路、短路检测功能。

（3）总线端与输入检测端完全隔离设计。

（4）可外接其他厂家的门磁开关。

2. 技术参数

泰和安 E 型常闭防火门监控模块的技术参数，如表 6-8 所示。

表6-8 泰和安E型常闭防火门监控模块的技术参数

内容	泰和安E型常闭防火门监控模块
适用门	兼容单、双门
工作电压	总线 15V～28V脉冲电压
工作电流	≤2mA
线制	二线制，无极性
安装方式	布线管暗装或明装
使用环境	温度：-10℃～55℃；湿度：≤95%RH（不凝露）
符合标准	GB 29364—2012

3. 安装效果图

图 6-13 为泰和安 E 型常闭防火门监控模块安装示意图。

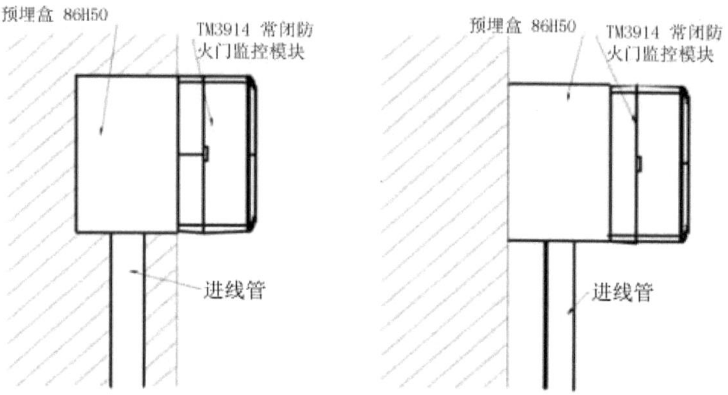

图6-13 泰和安E型常闭防火门监控模块安装示意图

4. 接线端子

图 6-14 为泰和安 E 型常闭防火门监控模块（单门）接线示意图。

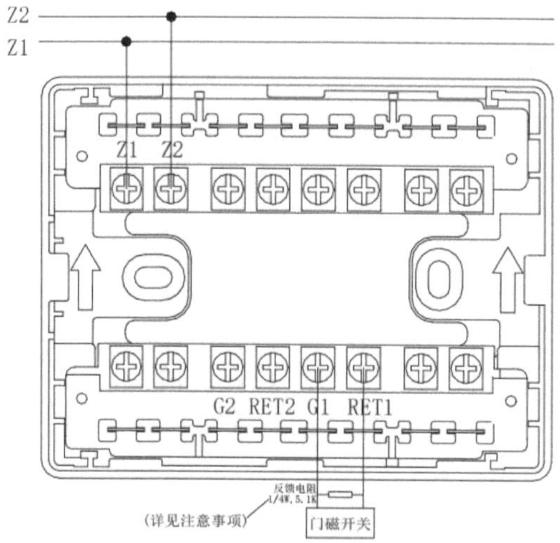

图6-14 泰和安E型常闭防火门监控模块（单门）接线示意图

图 6-15 为泰和安 E 型常闭防火门监控模块（双门）接线示意图。

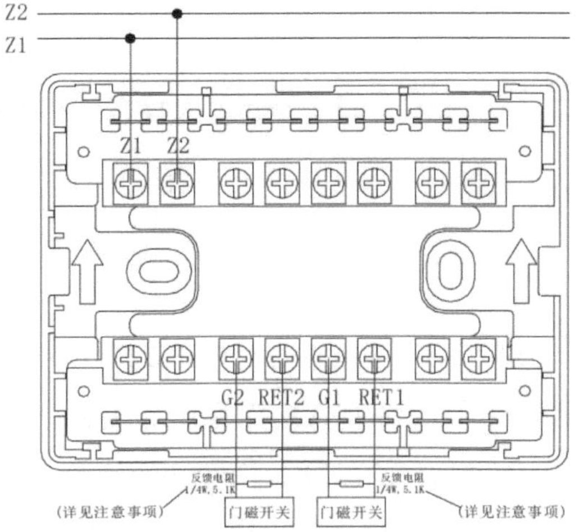

图6-15 泰和安E型常闭防火门监控模块（双门）接线示意图

端子说明如下。

（1）Z1、Z2：总线输入接口，接到防火门监控器的 BUS 总线上，无极性。

（2）RET1、G1：防火门无源触点信号输入端子 1，实现输入检线和监视防火门关闭、开启状态。

（3）RET2、G2：防火门无源触点信号输入端子 2，实现输入检线和监视防火门关闭、开启状态（双门使用）。

注意事项：如果终端设备开关检测到内部已并联 5.1K 电阻，则不需要外接 5.1K 反馈电阻，单门/双门时均只占用一个地址。

第三节 防火门监控系统的管理

火灾在生活中时有发生，并且每一次带给我们的都是沉重的打击，尽管国家对于消防工作三令五申，并且为此出台了很多法律法规，但是依旧不能够彻底地阻挡火灾发生。在这样的天灾面前，我们所能够做的就是尽量减少损失，而在这样的环境之下，防火门的出现可以对于高层等建筑起到一个很好的防火分区作用，可以说是建筑当中最为重要的防火分隔以及防烟设施。

一、防火门监控系统的管理与维护

防火门消防功能的有效发挥，对于建筑的消防安全无疑有着至关重要的作用，所以对其工作状态进行实时监督管理就显得尤为重要了。为了能够更有效地保证防火门的工作状态，设置专用的防火门监控系统是必不可少的。要根据防火门监控系统的报警情况及时地对防护门进行检修，只有如此，出现火灾之后我们才能够及时应对。

第一，对于防火门的要求。防火门应是经国家消防产品质量监督检验部门检测合格的产品，有国家消防产品质量监督检验部门出具的检验报告及出厂合格证，其耐火极限及型号规格应符合设计要求；防火门门框、门扇应无明显凹凸、擦痕等缺陷，在其明显部位应设有耐久性名牌，内容清晰、设置牢固；防火门应为平开门，其开启方向必须为疏散方向；

防火门应启闭灵活，单扇门应设置闭门器，常开的双扇及多扇门必须按顺序关闭；常开的防火门应具有自动关闭功能，其关闭的反馈信号消防控制设备应能接收到。

第二，只有确保防火门监控系统正常工作，我们才能够确保其及时报警，所以定期检修绝对是不可少的。我们购买防火门监控系统时，都有专门的定期维修手册，为确保其正常工作，我们需要按手册规范定时对其进行检修。

第三，监控显示要求。消防控制室应能显示防火门监控系统的工作状态和故障状态等动态信息，以及防火门监控系统和用于公共疏散的各类防火门的工作状态与故障状态等动态信息。消防控制室应能关闭常闭防火门和常开防火门，并能接收和显示其反馈信号。

第四，半年检查和测试。每半年应检查和测试防火门监控系统和防火门的功能，并按要求填写相应的记录。

第五，一些较为知名的厂家会有专门的售后维修保障部门，这样在防火门监控系统使用一段时间之后会专门进行回访，对防火门监控系统的使用情况做相应检修。

对于防火门监控系统的维修，我们需要严格地按照维修手册来执行，定期地对防火门监控系统进行维护。只有如此，我们才能够最大限度地保证防火门监控系统的正常工作，在出现一些无法预知的情况时，我们也能够及时应对，这样可以有效避免火灾发生时的无措，自然也能够最大限度地帮助我们减少损失，确保我们的生命财产安全。

二、防火门监控系统的故障与维修

防火门监控系统的故障原因可分为以下几种：总线短路、总线断路、总线接地和 24V 电源故障。由于总线短路、总线断路以及 24V 电源故障点出现的位置不同，防火门监控器中所显示的故障现象也有所不同，现场设备的运行状态也会有所不同。

（一）常见的故障现象及解决措施

防火门监控系统常见的故障现象及相应解决措施，如表 6-9 所示。

表6-9　防火门监控系统常见的故障现象及相应解决措施

序号	故障现象	原因分析	排除方法
1	掉线（通信故障）	某个部件通信不上	先检查指示灯，如指示灯不亮且不闪，则模块或电动闭门器（一体）通信不正常，检查回路线电压，如果回路线电压正常，设备坏了需更换；如指示灯亮或闪烁，请拆下模块检查设备编号是否重复，如果重复需重新编码
2	回路掉线	通信板整个回路都通信不上	先检查线路，主要是主机箱内部的通信板上的二总线，若接线正常，打开机箱检查内部主控板与通信板接线是否良好，若接线良好，请联系专业人员进行检查维修
3	回路短路	通信板某个回路短路	观察主机机箱内部的通信板，通信板上 4 个回路，每个回路都有一个指示灯，如果指示灯熄灭，回路一定是短路了，请检查线路
4	防火门故障	常开门或者常闭门开合状态不对	如果长时间不恢复，请检查防火门开关状态
5	末端设备故障	基本是监控模块或者闭门器 24V 电源有问题	此故障会导致模块的故障灯点亮，如果模块的故障灯不亮，应该是主机的问题，先看看模块的地址是否和主机上的相符，然后看主机设置的型号是否正确，如果还是不行，请更换通信板
6	系统时间不能修改	未使用永久注册码进行注册	联系厂家或者供应商解决
7	开机后黑屏，屏幕左上角有英文字幕	误点重读地址、重读图片等按钮	将相应地址、图片等数据拷入 SD 卡，安装到监控器主板的 SD 卡槽内重新开机

（二）维修方式

防火门监控系统的维修方式有以下几种。

（1）维修消防防火门监控器前应切断防火门监控器所在回路信号总线、电源线。

（2）使用专业拆卸工具将消防防火门监控器及其他组件拆下来。

（3）如维修的防火门监控器为一体式，应对即将维修消防防火门监控器重新编码。

（4）确定好消防防火门监控器方向（拉门侧或推门侧），安装防火门监控器滑槽及液压缸。

（5）确定到位后，对消防防火门监控器进行复位。

（6）逐个检查更换后消防防火门监控器其他组件的使用功能。

（7）消防防火门监控器维修完毕后，填写“建筑消防设施故障维修记录表”。

（三）维修事项

防火门监控系统维修，要注意以下事项。

（1）维修消防防火门监控器组件一定要兼容系统。

（2）更换防火门组件或检修线路前，必须切断防火门监控器及消防电源。

（3）如需更换接线，必须做好线标。

（4）拆卸、安装环节严禁带电操作，必须仔细检查接线，检查无误后方可打开电源。

（5）测试常开门模块或消防防火门监控器时须确保防火门周围情况安全。

07

第七章

消防安全管理

第一节　消防安全管理概述

一、消防安全管理的发展

（一）火灾

人类用火的实践证明，火既可以按照人们的意愿造福于人类，也可以违背人们的意愿，给人类带来极大的灾难。古人说过，火“善用之则为福，不能用之则为祸”。对于火的破坏作用，人类在学会用火以前就有了切身的体会，甚至对火存在一种恐惧心理。商代人看到火在屋门内燃烧将整个房屋烧毁造成灾害，由此产生了“灾”这个象形文字。在《韩诗外传》有晋平公时“藏宝之台烧，士大夫闻皆趋车驰马救火，三日三夜乃胜之”的记载。

（二）我国消防安全管理的发展

我国消防安全管理的发展，大致经历了古代消防安全管理、近代消防安全管理和现代消防安全管理三个阶段。

1. 古代消防安全管理阶段

此阶段是指先秦时代至鸦片战争之前的历史阶段。这一时期的消防安全管理主要是通过设立火官和火兵等消防组织、制定火禁和火宪等消防法规来实现的。例如，五帝时设“火正”为火官；周代设“司”“宫正”为火官；汉代设“执金吾”“别火”“夜士”为火官；唐代设“左、右金吾卫”为火官；宋代设“厢使”为火官，并设“防隅军”“潜火队”等专职灭火的军队；明代设“五城兵马指挥司”“总甲”“火兵”等火官和军队。

2. 近代消防安全管理阶段

此阶段是指鸦片战争后至中华人民共和国成立前的历史阶段。在这一时期内，由于国内近代工业和交通运输业的兴起和发展，消防工作出现了近代管理方式，主要表现在建立消防组织机构、制定消防法规，以及采用近代消防技术等方面。

3. 现代消防安全管理阶段

此阶段是指中华人民共和国成立后至今的历史阶段。中华人民共和国成立后，在党和人民政府的领导下，我国消防安全管理工作在组织机构、器材装备、法治建设和教学科研等方面都取得了全面的发展。

二、消防安全管理的特性

消防安全管理具有自然属性和社会属性，并具有全方位性、全天候性、全过程性、全员性和强制性等特征。

（一）消防安全管理的自然属性

消防安全管理活动是人类同火灾这种自然现象做斗争的活动，这是消防安全管理的自然属性。这一属性决定了消防安全管理活动的目的是要解决人类如何利用科学技术战胜火灾的问题。在消防安全管理实践活动中，主要是依据国家的消防技术标准规范来限制建筑物、机械设备、物质材料等的状态并调整它们之间的关系。

（二）消防安全管理的社会属性

消防安全管理是一种社会管理活动，这是消防安全管理的社会属性。这一属性决定了消防安全管理活动要维护人民的利益，依据法律调整人们的行为，保障社会公共安全。在消防安全管理实践活动中，主要是利用国家的法律、法规、规章来调整人们的行为并调整人与可燃物、助燃物和着火源等之间的关系。

（三）消防安全管理的特征

消防安全管理活动同其他管理活动相比，具有下列特征。

1. 全方位性

从消防安全管理的空间范围上看，消防安全管理具有全方位性的特征。日常生产、生活中，可燃物、助燃物和着火源无处不在，凡是具备形成燃烧条件的场所，都有可能造成火灾事故，都是消防安全管理需要涉及的场所。

2. 全天候性

从消防安全管理的时间范围上看，消防安全管理具有全天候性的特征。人们用火的无时限性决定了燃烧条件形成的偶然性和火灾发生的随机性、偶发性，所以消防安全管理在任何时刻都不能放松警惕。

3. 全过程性

从某个系统的产生、运转、维护、消亡的进程上看，消防安全管理活动具有全过程性的特征。在整个过程中，都需要实施有效的消防安全管理。

4. 全员性

从消防安全管理的人员对象上看，消防安全管理活动是不分男女老幼的，具有全员性的特征。

5. 强制性

从消防安全管理的手段上看，消防安全管理活动具有强制性的特征。由于火灾的破坏性大，必须严格管理；如果疏于管理，任何疏忽大意都可能引发火灾，造成危害后果，甚至造成群死群伤的严重后果。

三、消防安全管理的基本要素

做好消防安全管理工作的基本出发点是消防安全管理要素，而消防安全管理要素可由消防安全管理的概念引出。消防安全管理的要素主要包括消防安全管理的主体、消防安全管理的对象、消防安全管理的依据、消防安全管理的原则、消防安全管理的方法、消防安全管理的目标六个方面。

（一）消防安全管理的主体

《中华人民共和国消防法》确定的“政府统一领导、部门依法监管、单位全面负责、公民积极参与”消防工作原则，决定了政府、部门、单位、公民都是消防工作的主体，也是消防安全管理活动的责任主体。

1. 政府

消防安全管理是政府社会管理和公共服务的重要内容，是社会稳定、经济发展的重要保证。各级地方人民政府应当将当地的消防工作纳入国民经济和社会发展计划，保障消防工作与经济建设和社会发展相适应，提高公民消防安全意识，消除消防安全隐患，建立和管理各种形式的消防队伍，规划和建设各类公共消防基础设施等。

2. 部门

政府有关部门对消防工作齐抓共管，这是由消防工作的社会属性决定的。《中华人民共和国消防法》在明确消防机构职责的同时，也规定了安全监管、建设、工商、质监、教育、人力资源社会保障等部门应当依据有关法律法规和政策规定，依法履行相应的消防安全管理职责。

3. 单位

单位是社会的基本单元，也是社会消防安全管理的基本单元。单位对消防安全和致灾因素的管理能力，反映了社会公共消防安全管理水平，也在很大程度上决定了一个城市、一个地区的消防安全状况。各类社会单位是本单位消防安全管理工作的具体执行者，必须全面负责和落实消防安全管理职责。

4. 公民

公民是消防安全管理工作实施的基础，是各项消防安全管理工作的重要参与者和监督者，没有广大人民群众的参与，消防工作就不会发展进步，全社会抗御火灾的能力就不会提高。公民在日常的社会生活中，在享有消防安全权利的同时，也必须履行相应的消防义务。

（二）消防安全管理的对象

消防安全管理的对象，即消防安全管理资源，主要包括人、财、物、信息、时间、事务六个方面。

1. 人

人即消防安全管理系统中管理与被管理的人员。任何管理活动和消防安全管理工作都需要人参与和实施，在消防安全管理活动中需要规范和管理人的不安全行为。

2. 财

财即开展消防安全管理的经费开支。开展和维持正常消防安全管理活动，必然需要正常的经费开支，尤其是在消防设施建设与维护管理、消防安全制度落实、火灾隐患排查消除等关键环节，都需要有大量的经费投入，才能保证消防安全管理工作的正常开展。

3. 物

物即消防安全管理的建筑设施、机器设备、物质材料、能源等。物是消防安全管理中需要严格控制的对象，也是消防技术标准所要调整和规范的对象。

4. 信息

信息即开展消防安全管理活动所依据的文件、资料、数据等。信息流是消防安全管理系统正常运转的流动介质，应充分利用系统中的安全信息流，发挥它们在消防安全管理中的作用。

5. 时间

时间即消防安全管理的各个关键控制时段。

6. 事务

事务即消防安全管理活动的工作任务、职责、指标等。消防安全管理应明确工作岗位，确定岗位工作职责，建立健全逐级岗位责任制。

（三）消防安全管理的依据

消防安全管理的依据包括法律政策依据和规章制度依据两大类。

1. 法律政策依据

法律政策依据是指消防安全管理活动中运用的各种法律、法规、规章以及消防技术规范等规范性文件。

（1）法律。

法律由全国人大及其常委会批准或颁布。例如，《中华人民共和国消防法》《中华人民共和国治安管理处罚法》《中华人民共和国国家赔偿法》等。

（2）行政法规。

行政法规由国务院批准或颁布。例如，《仓库防火安全管理规则》《危险化学品安全管理条例》等。

（3）地方性法规。

地方性法规由省、自治区、直辖市的人大及其常委会批准或颁布。例如，《北京市消防条例》《福州市消防管理若干规定》等。

（4）部门规章。

部门规章由国务院各部、委、局批准或颁布。例如，《机关、团体、企业、事业单位消防安全管理规定》《消防监督检查规定》等。

（5）政府规章。

政府规章由省、自治区、直辖市和设区的市、自治州的人民政府批准或颁布。例如，《北京市建设工程施工现场消防安全管理规定》《重庆市建设工程造价管理规定》等。

（6）消防技术标准规范。

在消防安全管理活动中，凡是涉及消防技术的管理活动，均以相关的国家、行业消防技术标准作为管理依据。例如，国家标准《建筑设计防火规范》（GB 50016—2014）。

国家、行业消防技术标准不能满足现实工作需要的，通常还以地方性消防技术标准作为依据补充。例如，北京市地方标准《简易自动喷水灭火系统设计规程》（DBJ01—617—2004）等。

2. 规章制度依据

《中华人民共和国消防法》规定，机关、团体、企业、事业等单位应当落实消防安全责任制，明确消防安全责任人。为了将消防安全责任制落到实处，社会单位开展和实施消防安全管理活动时，需要制定适合自身单位实际情况的各项规章制度。例如，单位内部的消防安全管理制度、消防安全操作流程、消防安全标准化管理细则等。

（四）消防安全管理的原则

消防安全管理原则共包括五个方面的内容。

1.“谁主管，谁负责”的原则

“谁主管，谁负责”即一个地区、一个系统、一个单位的消防安全工作要由本地区、本系统、本单位负责；单位的法定代表人或主要负责人要对本单位的消防安全管理全面负责，是单位的消防安全责任人；分管其他工作的领导和各业务部门，要对分管业务范围内的消防安全工作负责；车间、班组领导，要对本车间、班组的消防安全工作负责。

2. 依靠群众的原则

消防工作是一项具有广泛群众性的工作，只有依靠群众，调动广大群众的积极性，才能使消防工作社会化。消防安全管理工作的基础是做好群众工作。要采取各种方式方法，向群众普及消防知识，提升群众消防安全意识和防灾抗灾能力；要组织群众中的骨干，建立志愿消防组织，开展群众性防火、灭火工作。

3. 依法管理的原则

依法管理，就是单位的领导或者业务部门依照国家立法机关和行政机关制定颁发的法律法规、规章，对单位消防安全进行管理。要依法办事，加强对职工群众的遵纪守法教育，对违反消防安全管理规定的行为和火灾事故责任者严肃追责、认真处理。

消防法律法规不仅具有引导、教育、评价、调整人们行为的规范作用，而且具有制裁、惩治违法犯罪行为的强制作用。因此，任何单位都要组织群众学习消防法律法规，从本单位的实际出发，依照消防法律法规的基本要求，制定相应的消防安全管理规章制度或者工作规程，并严格执行，做到有法必依、违法必究，促使消防安全管理工作走上法治的轨道。

4. 科学管理的原则

科学管理，就是运用管理科学的理论，规范管理系统的机构设置、管理程序、方法途径、规章制度、工作方法等，从而有效地实施管理，提高管理效率。消防安全管理要实行科学管理，使之科学化、规范化。消防安全管理一方面要依照客观规律办事，才能富有成效。消防安全管理必须遵循火灾发生、发展的规律，了解火灾发生的因素随着社会、经济的发展，以及生产、技术领域的创新和物质生活的提高而变化的客观规律；火灾成因与人们心理和行为相关的规律；火灾发生与行业、季节、时间相关的规律等。另一方面要学习和运用管理科学的理论和方法，提高工作效率和管理水平，并与实践经验有机地结合起来，逐步采用现代化的技术手段和管理手段，以取得最佳的管理效果。

5. 综合治理的原则

消防安全管理在其管理方式、管理手段、管理要素以及管理内容上都表现出较强的综合性质。消防安全管理不能单靠哪一个部门，也不能只使用某一种手段，而是要与行业、单位的整体管理统一起来；在管理中不仅要运用行政手段，还要运用法律、经济、技术和思想教育的手段进行治理；在管理中要考虑各种有关安全的因素，进行综合治理。

（五）消防安全管理的方法

消防安全管理的方法是指消防安全管理主体对消防安全管理对象施加作用的基本方法或者是消防安全管理主体行使消防安全管理职能的基本手段，可分为基本方法和技术方法两大类。

1. 基本方法

消防安全管理的基本方法主要包括行政方法、法律方法、行为激励方法、咨询顾问方法、宣传教育方法、舆论监督方法等。

（1）行政方法。

行政方法主要是依靠行政（包括国家行政和内部行政）机构及其领导者的职权，通过强制性的行政命令直接对管理对象产生影响，按照行政组织系统来进行消防安全管理的方法。其优点在于有利于统一领导、统一步调，缺点是要求行政管理机构的层次不能过多。行政方法通常与法律方法、宣传教育方法、行为激励方法等结合使用。

（2）法律方法。

法律方法主要是指以国家制定的法律法规等所规定的强制性手段，来处理、调解、制裁一切违反消防安全行为的管理方法。

（3）行为激励方法。

行为激励方法主要是指设置一定的条件和刺激，将人的行为动机激发出来，有效地达到行为目标的管理方法。消防安全管理实践中，行为激励方法能够从精神、物质等层面规范消防安全管理活动的管理对象，规范消防安全行为，消除人的不安全因素。

（4）咨询顾问方法。

咨询顾问方法主要是指消防安全管理者借助专家顾问的智慧进行分析、论证和决策的管理方法。

（5）宣传教育方法。

宣传教育方法主要指利用各种信息传播手段，向被管理者传播消防法律法规、方针、政策、任务以及消防安全知识及技能，帮助被管理者树立消防安全意识和观念，激发其正确的行为，从而实现消防安全管理目标的方法。

（6）舆论监督方法。

舆论监督方法主要指针对被管理者的消防安全违法违规行为，利用各种舆论媒介进行曝光和揭露，以制止违法行为，伸张正义，通过反面教育达到警醒世人的消防安全管理目标的方法。

2. 技术方法

消防安全管理技术方法主要包括安全检查表分析方法、因果分析方法、事故树分析方法、消防安全状况评估方法等。

（1）安全检查表分析方法。

安全检查表分析方法主要是将消防安全管理的全部内容按照一定的分类划分为若干个子项，对各子项进行分析，并根据有关规定及经验，查出容易发生火灾的各种危险因素，并将这些危险因素列为所需检查项目，编制成表以备在安全检查时使用的一种管理方法。

（2）因果分析方法。

因果分析方法主要指用因果分析图分析各种问题产生的原因，以及由此原因可能导致的后果的一种管理方法。

（3）事故树分析方法。

事故树分析方法是一种从结果到原因描绘火灾事故发生的树形模型图，利用这种事故树图可以对火灾事故因果关系进行逻辑推理分析。主要包括三项内容：①系统可能发生火灾事故，即终端事件。②系统内固有的或者潜在的危险因素。③系统可能发生的灾害事故与各种危险因素之间的逻辑因果关系。

（4）消防安全状况评估方法。

首先，将社会上公认或允许的防火安全指标作为防火安全评价的衡量标准，然后将自身的结果同安全指标进行比较，从而发现自身工作的优势和不足，以采取相应的技术或管理措施予以加强和改进。

（六）消防安全管理的目标

消防安全管理的过程就是从选择最佳消防安全目标开始到实现最佳消防安全目标的过程。其最佳消防安全目标就是要在一定的条件下，通过消防安全管理活动将火灾发生的危险性和火灾造成的危害性降到最低程度。

世界上不存在绝对安全的单位、场所，也不能完全避免火灾事故的发生，在使用功能、运转时间等方面都正常的条件下，使火灾发生的频率降到最低、火灾造成的损失减少到最低限度或者达到社会公众所能容许的限度，即实现了消防安全管理工作的消防安全目标。

第二节　消防工程安全管理

一、施工现场的火灾风险

（一）施工现场的火灾危险

“施工现场”顾名思义，属于在建的、未完工的建筑现场。因此，施工现场的火灾危险性与一般居民住宅、厂矿、企事业单位有所不同。由于处于施工期间，室内消火栓系统、自动喷水灭火系统、火灾自动报警系统均不能投入使用，并且施工现场存有大量的施工材料，再加上施工人员众多，这些都在一定程度上增加了施工现场的火灾危险性，具体体现在以下几个方面。

（1）易燃、可燃材料多。

出于施工需要，很难避免施工现场存放木材、油毡纸、沥青、汽油、松香水等可燃材料。这些材料一部分存放在条件较差的临建库房内，另一部分为了施工方便，就会露天堆放在施工现场。

此外，施工现场还经常会遗留废刨花、锯末、油毡纸头等易燃、可燃的施工尾料，不能及时清理。这些物质的存在，使施工现场具备了燃烧产生的一个必备条件——可燃物。

（2）临建设施多，防火标准低。

为了施工需要，施工现场会临时搭设大量的作业棚、仓库、宿舍、办公室、厨房等临时用房，考虑到简易快捷和节省成本，这些临时用房多数会使用耐火性能较差的金属夹芯板房（俗称彩钢板房），甚至有些施工现场还会采用可燃材料搭设临时用房。同时，因为施工现场面积相对狭小，上述临时用房往往相互连接，缺乏应有的防火间距，一旦一处起火，很容易蔓延扩大。

（3）动火作业多。

施工现场会存在大量的电气焊、防水、切割等动火作业。这些动火作业，使施工现场具备了燃烧产生的另一个必备条件——火源。一旦动火作业不慎，火星引燃施工现场的可燃物，极易引发火灾。另外，施工现场一旦缺乏统筹管理或失管、漏管，形成立体交叉动火作业，甚至出现违章动火作业，更易引发火灾。

（4）临时用电安全隐患大。

施工现场需要使用大量的机械设备，部分施工现场还需要解决施工人员的吃住问题。施工现场的生产、生活用电均为临时用电，若设计不合理，或任意铺设电气线路，很容易造成线路超负荷，或出现接触不良、短路等电气故障而引发火灾。

（5）施工临时员工多，流动性强，素质参差不齐。

由于建筑施工的工艺特点，各工序之间往往相互交叉、流水作业。一方面，施工人员常处于分散、流动状态，各作业工种之间相互交接，容易遗留火灾隐患；另一方面，施工现场外来人员较多，施工人员的素质参差不齐，乱动机械、乱丢烟蒂等现象时有发生，给施工现场安全管理带来不便，往往会因遗留的火种未被及时发现而酿成火灾。

（6）既有建筑进行扩建、改建火灾危险性大。

对既有建筑进行扩建、改建时，如扩建、改建部分与建筑其他正常使用部分未进行有效防火隔离，很容易造成因施工环节的动火作业引燃正常使用区域的可燃物而引发的火灾。

（7）易燃、可燃的隔音、保温材料用量大。

目前，建筑节能、降噪的标准不断提高，建筑中隔音、保温材料的用量不断增大，市场上普遍使用的橡塑保温材料以丁腈橡胶、聚氯乙烯为主要原料，这些材料均为可燃材料，在施工环节中具有较大的火灾危险性。

（8）现场施工消防安全管理不善。

施工现场消防安全管理不善，可能会因违章施工或因分包单位消防安全责任制落实不到位而带来消防安全隐患。

（二）施工现场常见的火灾成因

施工现场常见的火灾成因主要有以下几个。

1. 焊接、切割作业引发的火灾

焊接、切割作业引发的火灾有以下几个方面。

（1）焊接、切割作业产生的金属火花飞溅引燃周围可燃物。

（2）焊接、切割作业产生的高温因热传导引燃其他房间或部位的可燃物。

（3）焊接导线与电焊机、焊钳连接接头处理不当，松动打火。

（4）焊接导线（焊把线）选择不当，截面过小，使用过程中超负荷使绝缘损坏，造成短路打火。

（5）焊接导线受压、磨损造成短路，或铺设不当、接触高温物体，或打卷使用造成涡流，过热失去绝缘造成短路打火。

（6）电焊回路线（搭铁线或接零线）使用、铺设不当或乱搭乱接，在焊接作业时产生电火花或接头过热引燃易燃、可燃物。

（7）电焊回路线与电气设备或电网零线相连，电焊时大电流通过，将保护零线或电网零线烧断。

2. 电气故障引发的火灾

施工现场临时用电线路和乱拉乱接导致用电线路出现过负荷、接触不良或短路等电气故障而引发火灾；临时用电线路或用电设备防护不当，造成机械损坏、受雨水侵蚀等造成电气线路或电气设备故障而引发火灾。

3. 用火不慎、遗留火种引发的火灾

施工人员的生活设施如烹饪、取暖、照明设备等使用不慎，或因吸烟乱丢烟蒂引燃周围可燃物起火。

二、施工现场总平面布局规划

为了保证施工现场的消防安全，应从源头上消除先天隐患，在施工前就应对施工现场的临时用房、临时设施、临时消防车通道等总平面布局进行整体规划。

（一）施工现场总平面布置的原则

施工现场总平面布置包括总平面布局、临时用房及临时设施的设置，此外，还要划定重点区域等。

1. 明确总平面布局内容

施工现场总平面布局应明确与现场防火、灭火及人员疏散密切相关的临时设施的具体位置，以满足现场防火、灭火及人员疏散的要求。下列临时用房和临时设施应纳入施工现场总平面布局。

（1）施工现场的出入口、围墙、围挡。

（2）施工现场内的临时道路。

（3）给水管网或管路，以及配电线路敷设或架设的走向、高度。

（4）施工现场办公用房、宿舍、发电机房、变配电房、可燃材料库房、易燃易爆危险品库房、可燃材料堆场及其加工场等。

（5）临时消防车道、消防救援场地和消防水源。

2. 重点区域的布置原则

（1）施工现场出入口的设置原则。

施工现场出入口的设置应满足消防车通行的要求，并宜布置在不同方向，其数量不宜少于 2 个。当确有困难只能设置 1 个出入口时，应在施工现场内设置满足消防车通行要求的环形道路。

（2）固定动火作业场的布置原则。

固定动火作业场应布置在可燃材料堆场及其加工场、易燃易爆危险品库房等全年最小频率风向的上风侧；宜布置在临时办公用房、宿舍、可燃材料库房、在建工程等全年最小频率风向的上风侧。

（3）危险品库房的布置原则。

易燃易爆危险品库房应远离明火作业区、人员密集区和建筑物相对集中区。可燃材料堆场及其加工场、易燃易爆危险品库房不应布置在架空电力线下。

（二）临时消防车通道

施工现场需要设置消防车通道，同时布置相应的消防救援场地。

1. 临时消防车通道的设置

临时消防车通道的设置要求如下。

（1）施工现场内应设置临时消防车通道，同时，考虑灭火救援的安全需求以及供水的可靠性，临时消防车道与在建工程、临时用房、可燃材料堆场及其加工场的距离，不宜小于 5m，且不宜大于 40m。

（2）施工现场周边道路满足消防车通行及灭火救援要求时，施工现场内可不设置临时消防车通道。

（3）临时消防车通道宜为环形，如设置环形车道确有困难，应在消防车通道尽端设置尺寸不小于 12m×12m 的回车场。

（4）临时消防车通道的净宽度和净空高度均不应小于 4m。

（5）临时消防车通道路基、路面及其下部设施应能承受消防车通行压力及工作荷载。

2. 临时消防救援场地的设置

下列施工现场需设临时消防救援场地。

（1）建筑高度大于 24m 的在建工程。

（2）建筑工程单体占地面积大于 3000m² 的在建工程。

（3）超过 10 栋，且为成组布置的临时用房。

临时消防救援场地的设置要求如下。

（1）临时消防救援场地应在在建工程装饰装修阶段设置。

（2）临时消防救援场地应设置在成组布置的临时用房场地的长边一侧及在建工程的长边一侧。

（3）场地宽度应满足消防车正常操作要求且不应小于 6m，与在建工程外脚手架的净距离不宜小于 2m，且不宜超过 6m。

三、对施工现场内建筑的防火要求

对现场内搭建的临时用房以及在建工程应采取相应的防火措施，一旦发生火灾，有利于延迟火势蔓延，为施工现场人员赢得疏散时间。

（一）临时用房防火要求

临时用房主要包括宿舍、办公用房等。此外，施工现场还有诸如发电机房、变配电房、厨房操作间、锅炉房、可燃材料和易燃易爆危险品库房等用房。

1. 宿舍、办公用房的防火要求

在施工现场生活区一般会搭建大量的供人员办公、住宿使用的临时用房，平时会有大量的现场工作人员在此活动及休息，一般这些临时用房都不能按照正式的办公楼、宿舍楼等进行防火设计，给施工现场消防安全带来隐患。本着既经济合理又能确保消防安全基本要求的原则，对临时搭建的宿舍、办公用房提出下列防火设计要求。

（1）建筑构件的燃烧性能等级应为 A 级。当临时用房材料是金属夹芯板时，其芯材的燃烧性能等级应为 A 级。

（2）建筑层数不应超过 3 层，每层建筑面积不应大于 300m^2。

（3）建筑层数为 3 层且每层建筑面积大于 200m^2时，应设置不少于 2 部疏散楼梯，房间疏散门至疏散楼梯的最大距离不应大于 25m。

（4）单面布置用房时，疏散走道的净宽度不应小于 1.0m；双面布置用房时，疏散走道的净宽度不应小于 1.5m。

（5）疏散楼梯的净宽度不应小于疏散走道的净宽度。

（6）宿舍房间的建筑面积不应大于 30m^2，其他房间的建筑面积不宜大于 100m^2。

（7）房间内任一点至最近疏散门的距离不应大于 15m，房门的净宽度不应小于 0.8m；房间建筑面积超过 50m^2时，房门的净宽度不应小于 1.2m。

（8）隔墙应从楼地面基层隔断至顶板基层底面。

2. 特殊用房的防火要求

除宿舍、办公用房外，施工现场内诸如发电机房、变配电房、厨房操作间、锅炉房、可燃材料和易燃易爆危险品库房，是施工现场火灾危险性较大的临时用房，对于这些用房提出防火要求，有利于火灾风险的控制。特殊用房的防火设计应符合下列要求。

（1）建筑层数应为1层，建筑面积不应大于200m^2；可燃材料、易燃易爆危险品存放库房应分别布置在不同的临时用房内，每栋临时用房的面积均不应超过200m^2。

（2）可燃材料库房应采用不燃材料将其分隔成若干间库房，如施工过程中某种易燃易爆危险品需用量大，可分别存放于多间库房内。单个房间的建筑面积不应超过30m^2，易燃易爆危险品库房单个房间的建筑面积不应超过20m^2。

（3）房间内任一点至最近疏散门的距离不应大于10m，房门的净宽度不应小于0.8m。

（4）建筑构件的燃烧性能等级应为A级。

3. 其他防火要求

施工现场的临时用房较多，且其布置受现场条件制约多，不同使用功能的临时用房可按规定组合建造。组合建造时，两种不同使用功能的临时用房之间应采用不燃材料进行防火分隔，其防火要求应以等级要求较高的临时用房为准。

组合建造的临时用房一般应满足以下防火要求。

（1）宿舍、办公用房不应与厨房操作间、锅炉房、变配电房等组合建造。

（2）施工现场人员较为密集的用房，如会议室、文化娱乐室、培训室、餐厅等房间应设置在临时用房的第一层，其疏散门应向疏散方向开启。

（二）在建工程防火要求

在建工程的防火要求主要包括临时疏散通道以及针对既有建筑进行扩建、改建施工等的防火要求。

1. 临时疏散通道的防火要求

在建工程火灾常发生在作业场所。因此，在建工程疏散通道应与在建工程结构施工保持同步，并与作业场所相连通，以满足人员疏散需要。基于经济、安全方面的考虑，也可利用在建工程施工完毕的水平结构、楼梯。为满足人员迅速、有序、安全撤离火场的需要及避免疏散过程中发生人员拥挤、踩踏和疏散通道垮塌等次生灾害，在建工程作业场所临时疏散通道的设置应符合下列规定。

（1）在建工程作业场所的临时疏散通道应采用不燃、难燃材料建造并与在建工程结构施工同步设置，临时疏散通道应具备与疏散要求相匹配的耐火性能，其耐火极限不应低于 0.50h。

（2）在建工程作业场所的临时疏散通道应具备与疏散要求相匹配的通行能力。设置在地面上的临时疏散通道，其净宽度不应小于 1.5m；利用在建工程施工完毕的水平结构、楼梯做临时疏散通道，其净宽度不应小于 1.0m；用于疏散的爬梯及设置在脚手架上的临时疏散通道，其净宽度不应小于 0.6m。

（3）临时疏散通道为坡道，且坡度大于 25° 时，应修建楼梯或台阶踏步或设置防滑条。

（4）临时疏散通道应具备与疏散要求相匹配的承载能力。临时疏散通道不宜采用爬梯，确需采用爬梯时，应有可靠固定措施。

（5）临时疏散通道应保证疏散人员安全，侧面如为临空面，必须沿临空面设置高度不小于 1.2m 的防护栏杆。

（6）临时疏散通道如搭设在脚手架上，脚手架作为疏散通道的支撑结构，其承载力和耐火性能应满足相关要求。进行脚手架刚度、强度、稳定性验算时，应考虑人员疏散荷载。脚手架应采用不燃材料搭设，其耐火性能不应低于疏散通道的耐火性能。

（7）临时疏散通道应保证人员有序疏散，应设置明显的疏散指示标识及应急照明设施。

2. 既有建筑进行扩建、改建施工的防火要求

既有建筑居住、营业、使用期间进行改建、扩建及改造施工时，考虑到施工现场本身引发火灾的危险因素就较多，一旦发生火灾，容易造成群死群伤，因此施工中应结合具体工程及施工情况，采取切实有效的防范措施，严防火灾发生。

既有建筑进行扩建、改建施工时，必须明确划分施工区和非施工区。施工区不得营业、使用和居住；非施工区继续营业、使用和居住时，应符合下列要求。

（1）施工区和非施工区之间应采用不开设门、窗、洞口的耐火极限不低于 3.0h 的不燃烧体隔墙进行防火分隔。

（2）非施工区内的消防设施应完好且有效，疏散通道应保持畅通，并应落实日常值班及消防安全管理制度。

（3）施工区的消防安全应配有专人值守，发生火情应能立即处置。

（4）施工单位应向居住和使用者进行消防宣传教育，告知建筑消防设施、疏散通道的位置及使用方法，同时应组织进行疏散演练。

（5）外脚手架搭设不应影响安全疏散、消防车正常通行及灭火救援操作。

3. 其他防火要求

（1）外脚手架、支模架。

外脚手架既是在建工程的外防护架，也是施工人员的外操作架。支模架既是混凝土模板的支撑架体，也是施工人员操作平台的支撑架体。为保护施工人员免受火灾伤害，外脚手架、支模架的架体宜采用不燃或

难燃材料搭设。其中，高层建筑和既有建筑改造工程的外脚手架、支模架的架体应采用不燃材料搭设。

（2）安全网。

外脚手架的安全防护立网将整个在建工程包裹或封闭其中。动火作业产生的火焰、火花、火星一旦引燃可燃安全网，火势便会迅速蔓延。为了有效保障施工人员及建筑内其他人员的生命安全，下列安全防护网应采用阻燃型安全防护网：①高层建筑外脚手架的安全防护网；②既有建筑外墙改造时，其外脚手架的安全防护网；③临时疏散通道的安全防护网。

（3）安全疏散。

为了让作业人员在紧急、慌乱时刻能够迅速找到疏散通道，便于人员有序疏散，作业层的醒目位置应设置安全疏散示意图，作业场所应设置明显的疏散指示标志，其应指向最近的临时疏散通道入口。

四、对施工现场临时消防设施的设置要求

施工现场发生火情后，初期的扑救和及时疏散是避免财产损失和保证施工人员安全的有效途径，所以在施工现场设置的灭火器、临时消防给水系统和临时消防应急照明等临时消防设施，是施工现场常用且最为有效的临时消防设施。

（一）临时消防设施的设置原则

临时消防设施的设置需要遵循同步设置、合理设置等原则。

1. 同步设置原则

临时消防设施应与在建工程的施工同步设置。施工过程中，由于混凝土强度等原因，可能出现模板及支模架不能及时拆除而影响临时消防

设施的设置进度的情形，但临时消防设施的设置与在建工程主体结构施工进度的差距不应超过 3 层。

2. 合理设置原则

基于经济和务实考虑，可合理利用已具备使用条件的在建工程永久性消防设施兼作施工现场的临时消防设施；若永久性消防设施不能够满足使用要求时，应增设临时消防设施，并应满足相应设施的设置要求。

3. 其他设置原则

（1）为保证施工现场消防水泵供电的可靠性，消防水泵应由引至施工现场总配电箱的总断路器上端的专用配电线路供电，且应保持不间断供电。

（2）地下工程的施工作业场所宜配备防毒面具。

（3）为便于临时消防设施使用，临时消防给水系统的蓄水池、消火栓泵、室内消防竖管及水泵接合器等，应设有醒目标识。

（二）临时消防给水系统设置

临时消防给水系统的设置需要满足下列要求。

1. 消防水源和消防用水量

（1）消防水源。

消防水源是设置临时消防给水系统的基本条件，施工现场或其附近应设置稳定可靠的水源，并能满足施工现场临时消防用水的需要。

消防水源可采用市政给水管网或天然水源。当采用天然水源时，应采取措施确保冰冻季节、枯水期最低水位时能顺利取水，并满足临时消防用水量的要求。

（2）消防用水量。

施工现场的临时消防用水量应为临时室外消防用水量和临时室内消防用水量的总和，消防水源应满足临时消防用水量的要求。

临时室外消防用水量应按临时用房和在建工程的临时室外消防用水量的较大者确定，施工现场火灾次数可按同时发生1次确定。

2. 临时室外消防给水系统设置条件与要求

（1）设置条件。

施工现场的规模不同，所带来的火灾危险性大小也不同，应综合考虑施工现场在建工程及临时用房的规模，来选择设置施工现场的临时室外消防给水系统。

临时用房建筑面积之和大于1000m^2或在建工程单体体积大于10000m^3时，应设置临时室外消防给水系统。当施工现场处于市政消火栓150m保护范围内且市政消火栓的数量满足室外消防用水量要求时，可不设置临时室外消防给水系统。

（2）设置要求。

施工现场临时室外消防给水系统的设置应符合下列要求。

①临时给水管网宜根据施工现场实际情况布置成环状。

②临时室外消防给水干管的管径应依据施工现场临时消防用水量和干管内水流计算速度计算确定，且最小管径不应小于DN100mm。

③室外消火栓应沿在建工程、临时用房、可燃材料堆场及其加工场均匀布置，距在建工程、临时用房、可燃材料堆场及其加工场的外边线不应小于5m。

④室外消火栓的间距不应大于120m。

⑤室外消火栓的最大保护半径不应大于150m。

3. 临时室内消防给水系统的设置条件与要求

（1）设置条件。

为方便在建工程发生火灾时现场施工人员能够在第一时间实施处置，同时方便消防人员到达火灾现场后通过内攻的方式对在建工程进行火灾扑救，建筑高度大于 24m 或单体体积超过 30000m^3的在建工程，应设置临时室内消防给水系统。

（2）设置要求。

①室内消防竖管的设置要求。

第一，消防竖管的设置位置应便于消防人员操作，其数量不应少于 2 根，当结构封顶时，应将消防竖管设置成环状。

第二，消防竖管的管径应根据在建工程临时消防用水量、竖管内水流计算速度计算确定，且不应小于 DN100mm。

②消防水泵接合器的设置要求。

设置室内消防给水系统的在建工程，应设消防水泵接合器。消防水泵接合器应设置在室外便于消防车取水的位置，与室外消火栓或消防水池取水口的距离宜为 15m～40m。

③室内消火栓快速接口及消防软管设置要求。

第一，在建工程的室内消火栓接口及软管接口应设置在位置明显且易于操作的部位。

第二，消火栓接口的前端应设置截止阀。

第三，消火栓接口或软管接口的间距，多层建筑不大于 50m，高层建筑不大于 30m。

④消防水带、水枪及软管的设置要求。

为确保消防水带、水枪及软管的设置既可以满足初起火灾的扑救要求，又可以减少消防水带和水枪的配置，便于维护和管理，在建工程结构施工完毕的每层楼梯处，应设置消防水带、水枪及软管，且每个设置点不应少于 2 套。

⑤中转水池及加压水泵的设置要求。

建筑高度超过 100m 的在建工程，应在适当楼层增设楼层中转水池及加压水泵。中转水池的有效容积不应少于 10m^3；上、下两个中转水池的高差不宜超过 100m。

（三）临时应急照明设置

临时应急照明的设置场所和设置要求如下。

1. 临时应急照明的设置场所

为保证火灾情况下能够满足火灾初期扑救和人员疏散的照明要求，施工现场的下列场所应配备临时应急照明。

（1）自备发电机房及变配电房。

（2）水泵房。

（3）无天然采光的作业场所及疏散通道。

（4）高度超过 100m 的在建工程的室内疏散通道。

（5）发生火灾时仍需坚持工作的其他场所。

2. 临时应急照明的设置要求

临时应急照明的设置要求如下。

（1）作业场所应急照明的照度不应低于正常工作所需照度的 90%，疏散通道的照度值不应小于 0.5lx。

（2）临时消防应急照明灯具宜选用自备电源的应急照明灯具，自备电源的连续供电时间不应小于 60min。

第三节 消防社会化管理

随着社会经济的不断发展，社会化消防安全管理工作逐渐凸显其重要的作用，《中华人民共和国消防法》中的“政府统一领导、部门依法监管、单位全面负责、公民积极参与”的工作原则正逐步得以实现，行业系统的消防安全管理工作也初见成效，但随着社会的不断发展，政府机构改革、职能转变、社会多元化也给消防安全管理工作社会化带来了许多新情况、新问题，因此对全社会的消防工作提出了更高的要求。针对这些问题，我们必须全面打破消防救援机构唱独角戏的局面，加强行业系统管消防的力度，充分发动社会力量，继续提高消防工作社会化管理水平。

一、我国消防工作社会化管理的必要性

我国消防工作社会化管理的必要性主要体现在以下两个方面。

（1）在我国社会主义市场经济体制下，市场在社会资源配置上将发挥更大的作用，消防职能虽然是政府的公共服务职能的一部分，但不能由政府或政府部门（公安消防机构）包揽，消防事业可以由政府、市场和社会（中介组织、企事业单位、民间组织等）共同承担完成。这是实现消防工作社会化管理的重要基础。

（2）政治体制改革的过程要实现由“政府办社会”的格局向“社会办政府”的模式转变，与政治体制改革相适应，消防工作必须适应经济社会发展的需要。消防工作要实现由“消防办社会”的局面向“社会办消防”的模式飞跃。消防工作必须适应经济社会发展的需要，这是消防工作社会化的实践基础。

二、我国社会化消防安全管理工作存在的问题

当前，我国社会化消防安全管理工作存在以下三个方面的问题。

（1）行业系统主管部门消防安全意识淡薄。

由于消防工作长时间以来都是由消防救援机构负责日常监督检查，各行业系统部门参与较少，部门依法监管的原则也是近年来才得到重视，没有引起各行业主管部门的足够关注，总是以不是消防专业、缺乏消防专业知识、无专职负责消防安全人员等理由，规避行业消防管理工作职责，遇到有关消防方面的检查或专项行动也经常协调消防救援机构前来检查执法，主动开展消防安全管理工作的积极性较差。对于行业系统范围内的消防安全管理工作尚未制定有效的规章制度，对于消防救援机构的协助管理依赖性强，缺乏行业系统消防安全管理工作的自主性，不会自行开展有效的消防安全自查自纠工作。

（2）消防宣传模式传统、内容陈旧，缺乏新意。

目前，社会化消防宣传工作已初见锋芒，但立体化消防宣传模式尚未形成，消防救援机构一家“站台”的局面并未发生根本转变。虽然消防部门已经主动加强与教育、文化、广播电视等部门的沟通联系，促使消防宣传教育工作在各行业系统层面中有所延伸，但相关行业部门还是仅限于协同配合，主动实施策划、参与宣传的还是在少数，思维模式还是停留在消防宣传就是消防救援机构一家的职责的阶段。

消防宣传模式、内容缺乏新意，仍然是以教育为主，对于不同的宣教对象没有体现因人而异的方式，往往错误地预判其接受程度，无法满足广大宣教对象的实际需求。有的只侧重于对社会单位与广大民众的宣传，缺少对各级政府及其相关行业职能部门的消防宣传；有的只是为增强民众的消防安全意识，而片面强调消防安全教育的重要意义，却往往忽视宣传消防严格执法与热情服务的辩证关系。消防宣传模式还是沿用固有的宣传途径，使用报纸、电视等，公益广告、电子屏幕使用率低，宣传方法多样化不突出，内容、形式呆板，宣传效果不明显。

（3）社会消防技术服务机构作用发挥不明显。

社会消防技术服务机构主要从事消防设施检测、维保和评估等技术服务工作，而社会消防技术服务机构又是在社会单位、消防救援机构、市场三者之间发挥着服务、协调、配合、监督等作用的社会组织。消防技术服务机构对确保建设工程消防施工质量以及建筑自动消防设施、设备正常运行起到了积极的作用，然而，由于社会消防技术服务机构的建立发展还处于初级阶段，职业岗位人员素质良莠不齐，导致社会消防技术服务行业尚未发挥真正作用。

三、推动消防安全管理工作社会化的途径

推动消防安全管理工作社会化有以下几个途径。

（1）政府统一部署，行业部门协同联动。

按照《中华人民共和国消防法》的有关规定，各级政府要切实加强对消防工作的统一领导，强化消防工作联席会议制度，积极组织相关行业部门及时研究解决公共消防设施基础建设、多种形式消防队伍建设、落实消防安全责任制等重大问题，确保消防事业与社会经济建设同步发展。同时，消防救援机构需要积极与各行业监管部门建立信息沟通渠道，

加强各行业部门协同合作，构建行业监管部门联动工作机制，从而有效地预防和减少火灾损害，全面实现消防安全管理工作社会化。

（2）利用媒体资源，全面开展消防安全宣传教育培训工作。

利用媒体资源，开展全方位、立体式消防安全宣传教育培训工作。一是要将消防安全责任制纳入社会消防网络化管理架构中，进一步实现消防安全宣传教育培训工作深入各级政府及职能部门。开展宣传教育培训的主要目的在于明确各级政府的消防安全责任；明确消防救援机构的防火工作内容和灭火职责；强调各机关、团体、企业事业单位的消防安全责任；进一步强化消防安全宣传教育培训工作。二是消防救援机构应继续加强对人员密集场所的消防执法监督力度，定期组织消防安全责任人、管理人及自动消防设施操作人员开展消防安全宣传教育培训工作，为社会单位培养一批能力素质过硬的消防管理操作能手，确保建筑自动消防设施、设备能够正常运行，并做到定期检测、维护、保养。

（3）构建面向全民的消防教育体系。

消防安全关乎每个社会成员的切身利益，特别是人身财产安全。要实现消防工作的全面社会化管理，彻底转变公众在消防事务上的依赖、被动和片面的观念，提升国民的整体消防素质与参与社会消防的能力，进行系统的消防知识教育和消防技能培训是从源头上解决问题的重要途径。具体而言，有如下措施：第一，切实将消防教育纳入中小学义务教育阶段的常识教育之中，“从娃娃抓起”，使学生在启蒙教育阶段即充分认识到消防安全问题的重要性、消防安全隐患的危害性，增强在消防事故中的逃生自救能力。第二，将消防安全纳入大中专院校的公共基础课程或选修课程，加强在校学生的消防事故演练，以此来强化处于心智成熟阶段的青年学生的消防意识与责任意识。第三，在社区老年大学、成人教育、函授教育等针对社会人士构建的教育体系中，也应增设消防安全方面的课程，扫除成人中的“消防知识盲点”，弥补消防知识空缺，提高参与社会消防的责任意识。第四，组织开展面向企事业单位及其员工的常态化消防教育工作，尤其是涉及高能耗、高污染、重化工、易燃易爆产品的生产企业，必须将消防安全教育纳入制度化轨道。

（4）完善保障社会消防安全责任制落实的法律体系。

消防工作社会化管理机制的保障体系，主要体现在法治问题上，即依靠消防法律法规来约束政府及社会单位的领导和职工在消防管理活动中的行为，保障消防工作管理机制在各级政府及社会单位内部正常运行，而不能仅靠行政和经济手段实现。完善保障社会消防安全责任制落实的法律体系，这是建立新型消防工作社会化管理机制的保证。

参考文献

[1] 杜明. 消防工程施工技术[M]. 北京: 机械工业出版社, 2016.

[2] 蓝美娟, 赵宇. 建筑消防设备安装与调试[M]. 北京: 机械工业出版社, 2022.

[3] 王建玉. 消防报警及联动控制系统的安装与维护[M]. 北京: 机械工业出版社, 2019.

[4] 石敬炜. 消防工程施工现场细节详解[M]. 北京: 化学工业出版社, 2016.

[5] 中国消防协会. 消防安全技术实务：2018年版[M]. 北京: 中国人事出版社, 2018.

[6] 晓筑教育. 评估与管理案例分析与演练[M]. 上海: 上海科学普及出版社, 2018.

[7] 晓筑教育. 建筑防火案例分析与演练[M]. 上海: 上海科学普及出版社, 2018.

[8] 晓筑教育. 消防设施技术实务及综合能力知识详解[M]. 上海: 上海科学普及出版社, 2018.

[9] 中国消防协会. 消防安全案例分析：2018年版[M]. 北京: 中国人事出版社, 2018.